A. YSABEAU

LE JARDINIER DES SALONS

ou

L'ART DE CULTIVER LES FLEURS

DANS LES APPARTEMENTS
SUR LES CROISÉES ET SUR LES BALCONS

QUATRIÈME ÉDITION
ORNÉE DE JOLIES GRAVURES

PARIS

LIBRAIRIE DE JULES TARIDE
2, RUE MARENGO

1875

PRÉFACE

—

Quel est, de nos jours, celui ou celle qui n'aime
pas les fleurs et qui n'aspire pas à pouvoir faire un
peu de jardinage ? Ce n'est ni vous, ni moi, ni personne de notre connaissance. Mais la passion des
fleurs, celle de toutes qui procure la plus forte somme
de plaisirs élégants et inoffensifs, est pour bien des
gens une passion malheureuse, qu'il n'est pas possible de satisfaire. — Vous, monsieur, le fardeau des
affaires, fardeau souvent bien lourd, qu'il ne vous est
pas permis de secouer de dessus vos épaules, vous
interdit d'une manière absolue le séjour de la campagne. — Vous, madame, la nécessité de surveiller
l'éducation de votre jeune famille vous retient forcé-

ment à la ville. — D'autres, parmi ceux de vos amis qui partagent votre goût pour les fleurs, sont con-ʻraints de mener une existence sédentaire, parce qu'il leur manque le premier des biens, la santé. Autrefois, il y a longtemps, ils ont eu dans l'intérieur de Paris quelque chose qui ressemblait à l'un de ces jardins qui, selon l'expression de Talma, sentent le renfermé ; aujourd'hui le percement d'une rue, l'ouverture d'un boulevard, vient les en déposséder ; ou bien le sol de ces parterres en miniature a pris une telle valeur, qu'il est vendu à tant le centimètre carré, et littéralement couvert d'or, comme *terrain à bâtir*. Tout cela n'est pas vrai seulement pour Paris ; Bordeaux, Lyon, Marseille, toutes nos villes de quelque importance en voie d'accroissement, n'auront bientôt plus un seul jardin grand ou petit dans leur enceinte ; la fleur vaincue recule devant le moellon.

Fort heureusement il n'est pas toujours indispensable d'avoir un jardin, petit ou grand, pour avoir des fleurs en goûtant la paisible jouissance que procurent les soins qu'on leur accorde et l'observation des diverses phases de leur développement.

— Vous êtes, par exemple, au sortir d'une maladie grave, retenue dans votre appartement par une longue convalescence qu'il n'est au pouvoir de personne d'abréger. Quand même vous disposeriez d'un parterre, vous ne pourriez en admirer les fleurs que de loin, à travers les carreaux de vitre de vos croisées. *C*'est alors que vous sentez tout le prix d'une *jardinière d'appartement*, dont vous pouvez à peu de frais renouveler tous les quinze jours la garniture, sans y admettre d'autres fleurs que celles dont l'odeur faible ou tout à fait nulle ne saurait vous incommoder.

Votre réclusion forcée a-t-elle commencé au mois de mai, au moment où les jardins offrent le plus d'intérêt ; votre situation vous défend elle-même le luxe peu dispendieux d'une jardinière d'appartement, voici une recette pour faire du jardinage sans terre, sans eau, sans pot à fleurs, sans déboursé qui dépasse quelques centimes.

Procurez-vous chez un herboriste un rameau frais d'une plante grasse nommée *Rhodiola rosea*, vulgairement, herbe de la Saint-Jean. Cela vous coûtera tout au plus un décime (deux sous, vieux style). Dans les premiers jours de juin, les tiges simples de la Rhodiola sont garnies de feuilles charnues sur toute leur longueur, et terminées par un bouquet de boutons peu développés, disposés en corymbe. Vous enfoncerez alors en ligne horizontale dans un mur deux clous à crochet, éloignés d'environ cinquan v

centimètres l'un de l'autre. Sur cet appui, vous po-
serez, sans l'y fixer par aucun lieu, la tige de Rhodiola ; c'est tout ce qu'exige une curieuse expérience
de jardinage de salon, qui ne peut manquer de vous
distraire en vous intéressant. La nature ayant doué
la Rhodiola de la faculté de vivre aux dépens de l'air
seul, qu'elle décompose à l'aide de son feuillage, vous
la verrez jour par jour, heure par heure, s'allonger,
se redresser par celle de ses extrémités qui porte
des boutons de fleurs, perdre les feuilles du bas de
la tige, qui vont se dessécher et tomber successivement, tandis que celles du haut conserveront leur
fraîcheur et deviendront plus nombreuses, enfin fleurir et donner un bouquet de fleurs roses, aussi bien
épanouies que si la plante avait végété dans une
bonne terre, constamment arrosée.

Après la floraison, coupez les fleurs fanées d'une
part, le bout du bas de la tige de l'autre, et plantez-
la dans un pot rempli de terre ordinaire de jardin,
que vous aurez soin de ne pas arroser trop souvent.
La tige de Rhodiola, dans ces conditions, prendra racine ; elle formera avant l'automne une touffe de
jeunes pousses qui toutes fleuriront l'année suivante,
et vous fourniront amplement de quoi répéter l'expérience que nous venons d'indiquer.

—Vous désirez peut-être, madame, savoir pourquoi la Rhodiola rosea est vulgairement nommée herbe de la Saint-Jean. Nous satisferons volontiers votre curiosité à cet égard. Dans plusieurs de nos départements du centre, la Rhodiola est commune sur la lisière des bois. Là, l'expérience de sa floraison sans terre et sans eau est répétée tous les ans, presque dans toutes les chaumières. Si la Rhodiola fleurit *avant* la fête de saint Jean-Baptiste (24 juin), on en tire un augure favorable pour la réussite d'un projet ou l'accomplissement d'un désir ; dans le cas contraire, le présage est regardé comme défavorable. Hâtons-nous d'ajouter que ce qui fut au moyen âge une superstition n'est plus aujourd'hui qu'un simple amusement de jeunes filles, auxquelles l'oracle de l'herbe de la Saint-Jean n'inspire pas plus de confiance que celui de la blanche pâquerette.

S'il arrive que vous souhaitiez faire un peu de jardinage d'appartement, sans être en mesure de faire même la dépense très-minime qu'exige l'achat d'une branche de Rhodiola (cela peut arriver à tout le monde), ne dépensez rien du tout. Priez une personne de votre connaissance d'aller vous chercher une touffe de *Sédum à fleur jaune*. Il y en a partout aux environs de Paris, sur la crête et dans les crevasses

des vieux murs; il y en a même dans Paris, spécialement entre les pierres des glacis qui soutiennent
les deux culées du pont d'Austerlitz. C'est une très-
jolie petite plante sauvage qui porte, au lieu de
feuilles, de petites excroissances vertes élégamment
enchâssées les unes dans les autres. Chaque tige, qui
fait partie d'une touffe composée d'un grand nombre
de rameaux partant d'un centre commun, porte à
son sommet quelques fleurs en étoile d'un beau jaune
d'or. Attachez une forte épingle au papier qui tapisse
votre chambre; au moyen d'un bout de fil, que vous
aurez soin de ne pas trop serrer, suspendez-y une
touffe de Sédum. Au bout de quelques jours, les tiges
se recourberont pour se redresser, et tous les boutons à fleurs s'ouvriront absolument comme si la
plante n'avait point été arrachée de la place où elle
a pris naissance.

— Vous le voyez, il y a des fleurs pour tout le
monde, sans exception. C'est ce que nous vous dé-
montrerons clairement, si vous voulez bien parcourir
avec un peu d'attention bienveillante LE JARDINIER DES
SALONS.

LE
JARDINIER
DES SALONS

PREMIÈRE PARTIE
LE JARDIN DANS L'APPARTEMENT

CHAPITRE PREMIER

NOTIONS GÉNÉRALES.

Division de l'ouvrage. — *Première partie :* le jardin dans l'appartement. — *Deuxième partie :* le jardin sur la fenêtre. — Arrosages. — Température de l'eau pour les arrosages. — Effets de l'eau froide sur les plantes cultivées dans l'appartement. — Chauffage. — Avantages d'une chaleur égale de jour et de nuit. — Lumière. — Ventilation. — Nettoyage des plantes à feuilles larges. — A feuilles étroites.

Divisions de l'ouvrage.

Il n'est pas toujours facile de bien cultiver des plantes d'ornement dans un appartement habité ;

loin de se plaindre de cette difficulté, il faut s'en
féliciter, au contraire : c'est un grand plaisir de bien
faire une chose difficile qui réussit. Pour réussir
dans l'horticulture de salon, il ne faut que des soins
et de la patience ; il en faut beaucoup, et c'est tant
mieux, ce genre de jardinage étant exclusivement à
l'usage de ceux qui ont beaucoup de loisir. L'exten-
sion qu'il est possible de donner à l'horticulture de
salon, les espèces et variétés de plantes qu'elle peut
embrasser, les époques de l'année où l'on peut s'en
occuper avec le plus d'agrément et de succès, tout
cela diffère selon l'espace et aussi selon les conditions
locales; nous passerons en revue toutes les conditions,
telles qu'elles se présentent dans le cours naturel de
la vie ordinaire. Afin d'établir un peu d'ordre dans
nos instructions, nous examinerons séparément le
jardin *dans l'appartement* et le jardin *sur la fenêtre :*
ce sont les deux divisions naturelles de ce traité.

Dans la première partie, des chapitres séparés sont
consacrés au jardin sur la cheminée, sur l'étagère,
dans la jardinière et dans la serre portative. Les divers moyens de multiplication, semis, boutures,
greffes, sont l'objet d'autant de chapitres séparés;
ce sont les opérations à la fois les plus délicates et
les plus amusantes de l'horticulture de salon. Cette
partie se termine par des notions détaillées sur l'A-
quarium d'appartement. Qu'est-ce qu'un Aquarium?
direz-vous, madame. C'est quelque chose de char-

mant, de gracieux, d'attachant, une source d'obser-
vations également curieuses et intéressantes : vous
verrez.

Dans la seconde partie, le jardinage est considéré sous tous les aspects qu'il peut offrir sur
le balcon, la fenêtre double, convertie en un diminutif de serre tempérée, et la terrasse convertie,
même quand elle n'est pas très-grande, en un véritable jardin, où l'on peut avoir des fleurs toute
l'année, en plus petit nombre, sans doute, mais
aussi belles, aussi variées que dans un parterre bien
tenu.

Arrosages.

Le cadre à remplir, vous le voyez, ne manque pas
d'étendue. Pour cultiver avec quelque succès des
plantes d'ornement dans l'appartement, il faut prendre un aperçu de leurs besoins et de leurs ennemis,
pour savoir satisfaire les uns et les préserver des
autres. Ces plantes, confinées dans un local habité,
ont besoin de terre appropriée à leur tempérament;
il est facile de s'en procurer. Elles veulent être arrosées, les unes rarement et avec parcimonie, les
autres fréquemment et largement, mais toujours
avec de l'eau à la même température que la terre
dans laquelle vivent leurs racines. C'est là un point
très-important, parfaitement ignoré de la plupart
des gens qui ont des fleurs en pots dans leur cham-

bre. Vous êtes frileuse, madame, et vous avez bien raison ; rien n'est agréable à la fois et salutaire comme une bonne température dans l'appartement, quand le froid règne au dehors. Vous faites vos délices d'un beau Camellia qui vous promet en janvier une floraison splendide, à en juger par la profusion de boutons dont il est chargé. On vous a bien recommandé, et vous n'y manquez pas, de l'arroser le soir et le matin. Mais comment l'arrosez-vous ? Vous allez dans l'armoire de la salle à manger chercher la carafe ; elle est vide par hasard ; vous la faites remplir d'eau puisée dans une fontaine filtrante ; la température de cette eau est presque glaciale ; vous la versez sur les racines de votre Camellia ; c'est comme si, pendant que vous avez les pieds sur votre cendrier, on y versait un verre d'eau froide, vous jetteriez les hauts cris ; votre Camellia ne dit rien, mais il n'en souffre pas moins ; sa sève en pleine activité se ralentit, s'arrête, et, pour commencer, il laisse tomber l'un après l'autre tous ses boutons, dont pas un seul ne peut s'épanouir. Vous vous en étonnez, et vous dites : Ce n'est pas ma faute. Dans le *Pirate*, de Walter Scott, le jardinier des îles Shetland s'étonne que ses pommiers aient gelé ; il dit ainsi que vous, madame : « Ce n'est pourtant pas ma faute : je les ai arrosés tout l'hiver avec de l'eau chaude. » C'est la même erreur en sens contraire. Veuillez donc bien vous souvenir que, pour arroser une plante quelconque cultivée en pot dans l'appartement, il faut, pour première condition, que l'eau dont vous vous servez soit à la même température que la terre dans laquelle végètent les racines de la plante. Si vous avez occasion de visiter une serre, et qu'il vous arrive de faire un peu d'attention à la manière dont elle est gouvernée, vous remarquerez qu'elle contient toujours un réservoir plein d'eau destinée aux arrosages ; cette eau, par cela seul qu'elle séjourne dans la serre, en prend la température avant d'être employée : c'est un exemple qu'il faut suivre. Placez le soir dans la chambre un vase contenant la quantité d'eau nécessaire pour arroser vos plantes le lendemain matin ; cette eau et la terre des pots seront à la même température.

Chauffage.

Quant à la chaleur, ce n'est pas ce qui importe le plus à la bonne santé de vos plantes, le plus grand nombre de celles que vous pouvez avoir dans la mauvaise saison aura toujours bien assez chaud chez vous, pourvu qu'il n'y gèle pas ; le point essentiel, c'est qu'elles ne passent point par de brusques alternatives de chaud et de froid, c'est qu'il y ait entre la température du jour et celle de la nuit le moins de différence possible. Sur ce point, et dans votre propre intérêt, il n'est pas difficile de leur donner satisfaction.

Lumière.

Mais un autre élément dont elles ont tout autant besoin que de chaleur, c'est la lumière. Ne craignez pas de vous gêner un peu, de déranger s'il le faut la symétrie de votre ameublement, pour que les plantes de votre jardinière reçoivent le plus de lumière possible, qu'on puisse les mettre *près des jours*, comme disent et font les jardiniers de profession pour leurs plantes de serre. Si vous voyagez en Belgique, en Hollande et dans le nord de l'Allemagne, pays où le jardinage de salon est fort en honneur, vous verrez que tous ceux qui ont des fleurs dans l'appartement (et tout le monde en a) les placent en évidence sur des étagères peintes en vert, ce qui donne à des rues entières l'aspect d'une exposition florale. Il y a telle rue de Bruxelles où, rien qu'en vous promenant et regardant aux fenêtres à droite et à gauche, vous pourriez suivre tout un cours de jardinage et de botanique. C'est encore là un très-bon exemple à suivre, quel que soit le genre de plantes d'ornement que vous vous proposez de cultiver sans sortir de votre chambre.

Ventilation.

Après l'eau, la chaleur et la lumière, il faut à vos plantes de l'air continuellement renouvelé. Votre appartement est-il chauffé par une bonne cheminée ouverte, qui donne un feu clair avec un bon tirage et point de fumée ? Tout est pour le mieux, l'aspiration de la cheminée renouvelle suffisamment l'air de l'appartement ; votre santé et celle de vos plantes ne peuvent que s'en trouver très-bien. Ne placez pas vos plantes dans une chambre dont la cheminée fume, ou dans un local chauffé par un poêle ou un calorifère; elles auraient trop peu d'air et seraient en proie à un malaise que vous pouvez comprendre en le comparant au mal de tête qui s'empare de vous dans un lieu dont on cherche à éloigner le froid par ce mode de chauffage. Pourtant, direz-vous, dans les serres, c'est par des calorifères et divers systèmes de tuyaux de chaleur que les plantes sont chauffées, et elles ne s'en portent pas plus mal. D'accord ; mais, le long des tuyaux de chaleur règnent d'autres tuyaux de ventilation qui amènent continuellement dans la serre de l'air extérieur, chauffé par son contact avec les tuyaux de chaleur avant de se mêler à l'atmosphère intérieure ainsi renouvelée sans interruption; il ne peut y avoir rien de semblable dans une chambre chauffée par un poêle ou un calorifère.

Nettoyage.

Les plantes dans l'appartement n'ont à proprement parler qu'un ennemi, la poussière, qu'on ne peut empêcher de se produire partout où il y a un ménage à faire. Celles qui, comme les *Camellias*, les *Kalmias* et les *Rhododendrons*, ont un feuillage assez ample et assez solide tout à la fois, doivent deux fois par semaine au moins être essuyées feuille par feuille avec une éponge douce légèrement humide. Pour celles dont le feuillage trop divisé ne se prête pas à ce genre de nettoyage, les *Éricas* et les *Épacris*, par exemple, voici comment on procède : on remplit d'eau à une bonne température un arrosoir muni d'une pomme percée de trous très-fins; chaque pot contenant une plante à nettoyer est pris successivement et incliné au-dessus de la pierre à laver ; puis avec l'arrosoir, on fait tomber sur la plante, en la retournant dans tous les sens, une pluie très-divisé qui fait le même effet qu'une pluie véritable. Par ce moyen, on évite de mouiller avec excès la terre des pots, et les plantes sont parfaitement débarrassées de la poussière.

Ces soins généraux sont applicables à toutes les plantes qu'il est possible de cultiver dans l'appartoment.

CHAPITRE II

LE JARDIN SUR LA CHEMINÉE.

Vous ne vous faites pas une idée, madame, de tout ce que j'ai à vous donner dans ce chapitre d'indications instructives et agréables; son titre n'est nullement une déception; vous pouvez bien réellement vous composer un jardin, et des mieux ornés, sans autre emplacement à votre disposition que l'appui de votre cheminée. Je suppose, bien entendu, que si vous habitez Paris ou une ville de département sous le climat de Paris, vous commencerez de bonne heure en automne à faire du feu dans votre cheminée, et que vous cesserez d'en faire seulement quand le printemps aura bien pris possession de l'atmosphère, quelle que soit la date marquée par l'almanach.

Dans ces conditions, vous allez voir combien de ressources peut offrir le jardin sur la cheminée.

Choix des oignons à fleur.

Dès la fin de septembre, les soirées sont fraîches, un peu de feu le soir est indispensable après le coucher du soleil. Il est temps de vous procurer de bons oignons de Jacinthe, de Crocus, de Tulipes Duc-de-Tholl, et de Narcisse-Jonquille. Il faut choisir parmi ces oignons, non pas les plus volumineux, qui ne sont pas toujours les meilleurs à beaucoup près, mais ceux du volume moyen de leur espèce, fermes, lisses, exempts de taches, de contusions et de ramollissements. Ceux qui donnent prématurément des signes de végétation anticipée doivent être rejetés.

Jacinthe fleurissant sous l'eau.

Votre choix arrêté dans les nuances les plus vives du bleu, du rouge et du jaune, il faut donner tous vos soins à une charmante expérience qui sera pour vous pendant tout l'hiver une source de distractions très-attachantes. Vous pouvez vous procurer à peu de frais deux vases de verre blanc uni, l'un destiné à recevoir de l'eau pure, l'autre percé de deux ouvertures, l'une en bas, l'autre en haut, dont vous allez comprendre l'usage. Ce second vase, à peu près de la forme du premier, mais un peu plus petit, doit avant tout recevoir l'un de vos plus beaux oignons de Jacinthe, un oignon à fleur d'un beau rouge, le sultan Soliman, par exemple. Vous placez cet oignon dans une situation inverse de sa position naturelle, le plateau tourné vers le haut, et le sommet, duquel doivent sortir les feuilles et plus tard les fleurs, dirigé vers le bas. Le fond du vase étant percé, la tête de l'oignon devra naturellement se présenter à l'orifice de cette ouverture. Alors vous émietterez par-dessus l'oignon un mélange de bonne terre de jardin et de terreau de feuilles, jusqu'à ce que le vase en soit aux trois quarts plein. Un second oignon d'une espèce à couleur bien tranchante avec celle du premier, une variété à fleur bleue si le premier est à fleur rouge, et *vice versâ*, prendra place dans le vase de manière que son sommet vienne effleurer l'orifice supérieur. Il ne restera plus qu'à poser le vase ainsi préparé sur le premier vase plein d'eau.

Deux couples semblables sont très=bien placés aux deux bouts de l'appui de la cheminée d'une chambre où l'on se tient habituellement, et où, par conséquent, on fait du feu tant que dure la mauvaise saison. La terre dont le vase supérieur est rempli doit être d'abord modérément arrosée aussitôt après la mise en place des oignons, puis maintenue constamment fraîche sans excès d'humidité, en renouvelant les arrosages aussi souvent qu'on s'aperçoit qu'elle tend

à se dessécher. Au bout de quelques jours, voici ce
qui se passe. Les plateaux des deux oignons émettent
tous les deux des racines droites et blanches ; celles
de l'oignon renversé se retournent d'elles-mêmes en
se recourbant ; elles n'en remplissent pas moins bien
leurs fonctions. Bientôt les deux oignons placés en
sens inverse l'un de l'autre émettent des feuilles l'un
dans l'air, l'autre dans l'eau. Puis vous voyez appa-
raître au milieu du liquide transparent les boutons
portés par la tige florale, et, finalement, les fleurs,
aussi belles, aussi bien formées, aussi riches de couleur, encadrées dans un entourage de feuilles d'un
aussi beau vert que les parties correspondantes chez
la plante produite par l'oignon planté dans les conditions ordinaires, qui végète et se développe dans
l'air, son élément naturel. Il faut du temps pour que
tout cela s'accomplisse ; les oignons plantés en octobre montrent leur pleine floraison en février ou mars.
Mais n'est-ce pas un plaisir de suivre jour par jour
les phases de leur développement, surtout chez la
Jacinthe, qui finit par fleurir dans l'eau, la tête en
bas ?

Jacinthes forcées dans l'eau.

Pendant que ces curieux phénomènes de végétation
s'accomplissent, d'autres oignons de Jacinthe à fleurs
jaunes ou blanches ont dû, par vos soins, être posés
sur des vases de verre blanc ou bleu, d'une forme

adaptée à cet usage et que vous ne manquez pas de
tenir constamment remplis d'eau, afin que le liquide
affleure toujours la couronne, c'est-à-dire, le bord du
plateau de l'oignon, sans jamais le dépasser. Pour ces
remplissages comme pour les arrosages de la terre où
vivent l'un au-dessus de l'autre les deux oignons, l'un
droit, l'autre retourné, souvenez-vous bien, madame,
qu'il ne faut faire usage que d'eau à la température
de votre appartement ; sans cette précaution si nécessaire, vous gâterez tout, et la floraison de vos
oignons sera misérable ; vous en êtes prévenue.

Narcisses-Jonquilles, Crocus.

Les oignons de Narcisse-Jonquille se traitent comme
ceux de Jacinthes, dans l'eau pure. Comme on ne peut
compter avec certitude sur la floraison de tous les
oignons, il est prudent de mettre au moins trois de
ces oignons sur un seul vase ; on les dresse sur une
rondelle de bois mince, percée de trois trous, ils
fleurissent à la même époque que les Jacinthes. Dans
les intervalles des vases où les plantes bulbeuses
croissent uniquement aux dépens de l'eau, on dispose
des pots remplis de terre coupée de moitié de terreau de couche ; celui de feuilles ne serait pas assez
substantiel. On y plante des oignons de Crocus en
ayant soin de grouper dans le même pot les variétés à
fleurs couleur de feu, blanc pur, blanc rayé de violet
et violet uni clair. Ces fleurs, qui précèdent le déve-

loppement complet des feuilles, contrastent agréablement, par la vivacité de leur coloris, avec le jaune
pâle des Narcisses-Jonquilles.

Tulipes Duc-de-Tholl.

D'autres pots semblables aux premiers et remplis
du même mélange sont occupés par des oignons de
Tulipes Duc-de-Tholl, charmante petite Tulipe, à tige
naine, à pétales d'un rouge vif bordé de jaune d'or.
Tout cela fleurit en même temps et jette une heureuse variété de formes et de nuances dans la floraison du jardin sur la cheminée, jusqu'au moment
où les fleurs abondent à l'air libre.

Pots à fleurs pour le jardin sur la cheminée.

Quel que soit votre goût pour l'élégance, croyez-en,
madame, l'expérience d'un vieux jardinier, ne plantez
jamais sur l'appui de votre cheminée vos Crocus et
vos Tulipes Duc-de-Tholl dans autre chose que dans
des pots à fleurs ordinaires, en terre cuite, du prix de
cinq à dix centimes, selon leurs dimensions. Masquez,
si vous le voulez, leur surface un peu grossière par
des enveloppes de papier verni, plissé et découpé à
son bord supérieur; placez sous chaque pot une sou-
coupe de porcelaine : c'est tout ce qu'on peut vous
permettre comme sacrifice à l'élégance. Si vous plan-
tiez ces pauvres oignons dans de riches vases de tôle
vernie ou de porcelaine peinte et dorée, ils y lan-

guiraient, et votre espoir serait complétement déçu ;
car ils fleuriraient mal, ou ne fleuriraient pas du tout.
La nature poreuse de la terre cuite des pots à fleurs
ordinaires est parfaitement bien appropriée aux besoins de la végétation des racines des plantes d'ornement; mettez ces racines en contact avec le fer ou la
porcelaine, vous n'obtiendrez, avec les soins les plus
attentifs, aucun résultat satisfaisant, pas plus dans le
jardin sur la cheminée que partout ailleurs.

Soins aux oignons après la floraison.

Après la floraison, les oignons qui auront végété
dans l'eau ne seront pas nécessairement perdus ; n'attendez pas que les feuilles jaunissent et se fanent
pour les laisser bien égoutter après les avoir retirés
de l'eau, couper les racines fibreuses et les feuilles
avec le tige florale, et déposer les oignons dans un
tiroir à l'abri de l'humidité. L'année suivante, ceux
que le ramollissement n'aura pas atteints devront être
plantés en terre à l'air libre, soit pour se refaire s'ils
en ont la force, soit pour donner des *cayeux* ou jeunes oignons qui les remplaceront, avec le temps.
Les oignons plantés en terre n'auront souffert en aucune façon pour avoir été forcés en hiver dans le
jardin sur la cheminée. Vous attendrez, pour les retirer de terre, que leurs feuilles jaunissent à moitié,
après la floraison ; puis, vous les laisserez perdre au
contact de l'air une partie de leur eau de végétation,

après quoi ils seront nettoyés et serrés avec les autres ; ils pourront parfaitement servir une seconde et
une troisième fois au même genre de culture :

Si les Crocus vous plaisent, et dans le cas contraire
vous seriez trop difficile, car il n'y a pas de plante
à floraison printanière plus fraîche et plus jolie que
le Crocus, vous continuerez à les arroser après la
floraison ; leur feuillage d'un beau vert, marqué d'une
ligne blanche sur toute sa longueur, ne déparera pas
la décoration du jardin sur la cheminée. Quand les
feuilles commenceront à jaunir, vous cesserez tout
à fait d'arroser les pots ; mais vous n'arracherez pas
les oignons de Crocus ; vous les laisserez jusqu'à
l'année suivante dans la terre sèche ; ils s'y conserveront très-bien, entourés de leur jeune famille ; car
ils produisent tous les ans un certain nombre de petits qui fleurissent à leur premier printemps. Ces
oignons ne doivent être levés que tous les trois ans,
afin de dédoubler les touffes, sans quoi les pots seraient trop pleins, et il n'y aurait pas à manger pour
tout le monde. Lorsqu'on les traite de cette manière,
les touffes de Crocus forcées sont plus belles la seconde année que la première, et plus belles encore
la troisième année, après laquelle il faut renouveler
la plantation.

Le très-facile jardinage dont nous venons, madame,
de vous décrire les procédés, vous aura conduit jusqu'aux beaux jours. Alors, si vous allez à la campagne

passer la belle saison, la cheminée peut rester jusqu'en automne veuve de son jardin. Si vous restez, à mesure qu'il y aura trop de fleurs sur votre balcon, vous en mettrez quelques-unes des plus jolies sur l'appui de votre cheminée; elles réclameront des soins dont nous vous entretiendrons dans la partie de cet ouvrage particulièrement consacrée au jardin sur la fenêtre.

Tussilage-Vanille, Hépatiques.

L'appui de votre cheminée a-t-il assez de surface pour admettre deux ou trois pots supplémentaires? Mettez-y, si vous ne craignez pas les parfums doux et pénétrants, un pot de Tussilage-Vanille; la fleur est laide, mais d'une odeur égale à celle des plus suaves Orchidées, et elle ne porte point à la tête. Craignez vous les odeurs, même délicates et inoffensives, remplacez le Tussilage-Vanille par des Hépatiques roses et bleues; elles sont ravissantes de forme et de coloris, et elles n'ont pas de parfum. Avec ces ressources, il y a largement de quoi vous faire prendre goût à la culture des fleurs, dans le jardin sur la cheminée. Le Tussilage-Vanille et l'Hépatique sont des plantes d'une docilité parfaite; un demi-verre d'eau tous les deux jours et la température de votre chambre, telle qu'elle vous convient à vous-même, il ne leur faut rien au delà.

CHAPITRE III

LE JARDIN SUR L'ÉTAGÈRE.

Jardinage sur l'étagère.

La mode des étagères n'est devenue générale que depuis quelques années; on a commencé par les charger de toute sorte de petits objets de curiosité ou d'histoire naturelle, usage qui subsiste encore ; puis, le goût des fleurs faisant de rapides progrès, on a fabriqué en fil de fer doré, argenté ou bronzé, de ravissantes petites étagères à jour qui tiennent peu de place, peuvent se suspendre partout, et reçoivent toute une collection de petites plantes d'ornement. A Paris, dès qu'un débouché est ouvert, il se trouve immédiatement des gens habiles à s'en emparer. L'espace manquant dans la plupart des appartements à Paris pour loger des plantes de dimensions moyennes, chacun s'est ingénié pour satisfaire aux demandes nombreuses adressées à l'horticulture pour avoir des plantes naines, d'une culture facile, appropriées au jardinage tel qu'on peut se le permettre sur l'étagère, dans le salon ou la chambre à coucher.

Les plantes de cette série appartiennent pour la plupart à un ordre de végétaux doués d'une organisation toute particulière, et d'une énergie vitale extraordinaire ; c'est ce qu'on nomme vulgairement des *plantes grasses*, remarquables par l'épaisseur de leurs feuilles charnues et persistantes. Chez un grand nombre de ces plantes, la tige et les feuilles sont un seul et même organe ; les feuilles, quand elles existent, remplissent les fonctions de tiges, et réciproquement, quand les feuilles manquent, leurs fonctions végétales sont remplies par les tiges.

Plantes grasses naines.

Vous ne pouvez vous figurer, madame, ce que les horticulteurs de profession ont dû déployer d'habileté et de patience pour rendre naines ces jolies plantes dont quelques-unes, livrées à elles-mêmes

dans leur pays natal, atteignent à des dimensions
colossales. Si vous voulez me permettre de vous faire
les honneurs des serres de M. Steiner, jardinier al-
lemand qui s'est fait à Paris une spécialité de la culture des plantes grasses naines, vous aurez la liberté
de choisir, dans la plus riche collection de ce genre
qui existe peut-être dans toute l'Europe, de quoi garnir votre étagère ; j'aurai soin, par la même occasion,
de vous faire remarquer les particularités dignes d'intérêt qui se rapportent à chacune d'elles, et de vous
indiquer la méthode, d'ailleurs très-peu compliquée,
applicable à leur culture dans l'appartement.

Quantité de terre nécessaire aux plantes grasses naines.

Un fait doit surtout vous frapper en examinant
une collection de plantes grasses naines, c'est la
quantité minime de terre accordée aux racines de
chacune de ces plantes. Les mieux partagées sous ce
rapport vivent dans des pots de la grandeur d'un verre
ordinaire ; les autres sont logées encore plus à l'étroit ;
leurs pots ne dépassent pas les dimensions d'un verre
à liqueur. C'est qu'en général les plantes grasses,
naines ou non, ne vivent presque pas par leurs racines. Alors, direz-vous, de quoi donc vivent-elles ?
Elles vivent, madame, d'un aliment dont ni vous ni
moi nous ne saurions nous contenter ; elles vivent
de l'air du temps, littéralement, et sans figure de

Fig. 2. — Étagère chargée de plantes grasses naines.

rhétorique. Pour le dire en passant, permettez-moi de vous faire remarquer que toutes les plantes, sans exception, vivent plus ou moins aux dépens de l'air, même celles qui prennent dans le sol la plus grande partie de leur nourriture. Vous avez bien souvent admiré l'effet pittoresque de ces beaux arbres séculaires des sites sauvages de la forêt de Fontainebleau, qui croissent en insinuant leurs racines dans les crevasses des rochers. Supposez un de ces arbres abattu, fendu, dépecé en morceaux et converti en charbon; il en donnera une masse énorme. Croyez-vous qu'il ait pu prendre cette masse de charbon dans le sol maigre où il végète, et qui n'en contient pas même de trace? Il l'a puisée dans l'atmosphère, en décomposant l'air par son feuillage : c'est ce que font nos jolies petites plantes grasses naines, et, sans cette faculté qu'elles possèdent à un degré très-élevé, elles ne vivraient pas.

Cactées-Opuntias.

Considérez d'abord celles qui appartiennent à la nombreuse et bizarre famille des *Cactées*, tout entière originaire des parties les plus chaudes de l'Amérique du Sud. Voici des *Opuntias*, dont les feuilles-tiges, ou les tiges-feuilles, comme on veut les nommer, ont la forme d'autant de raquettes implantées de côté les unes sur les autres. Ces plantes vous représentent en miniature celle aux dépens de laquelle

vit au Mexique et dans l'île de Madère l'insecte nommée *cochenille*, qui fournit à la teinture et à la pein-
ture artistique leur plus beau rouge sous le nom d
carmin, dont on prépare le fard pour altérer le tein
des dames qui manquent de coloration naturelle : o
n'est pas pour vous que je dis cela, madame.

Mélocactes et Echinocactes.

Voici, toujours dans la même famille, des *Mélocactes* et des *Échinocactes*. Leur forme arrondie, les
côtes saillantes dont elles sont hérissées, enfin leur
jolie couronne de petites fleurs satinées, d'un beau
jaune d'or, ne ressemblent aux végétaux d'aucune
autre famille. Dans les montagnes de l'intérieur du
Brésil et dans celles du centre de l'île de la Jamaïque,
ces mêmes plantes, des mêmes espèces que vous
voyez réduites à des dimensions si minimes, croissent
sur la pente des rochers les plus arides et y devien-
nent très-volumineuses. Alors vous comprenez que
leurs paquets d'épines, inoffensives chez les plantes
naines en raison de leur petitesse, sont des armes
défensives qui les préservent de la dent des animaux.
Néanmoins ces armes leur sont inutiles contre les
attaques des nombreux troupeaux de chèvres entre-
tenus par les colons anglais de la Jamaïque. Les chèvres, animaux essentiellement grimpeurs de leur naturel, gravissent les pentes les plus abruptes des
rochers couverts de Mélocactes et d'Échinocactes ; à

l'aide de leurs cornes, elles les déracinent et les font
rouler dans la vallée. Là, avant de les consommer,
elles jouent avec comme un enfant jouerait avec un
ballon, jusqu'à ce qu'en les promenant et les faisant
sauter sur les cailloux elles en aient fait tomber toutes
les épines ; elles peuvent alors s'en régaler, sans se
blesser, comme si les aiguillons de ces Cactées colossales n'étaient pas plus à craindre que ceux de leurs
sœurs en miniature.

Stapœlias.

Voici d'autres plantes d'une famille différente, mais
dont les formes rappellent celles des Cactées : ce
sont des *Stapœlias*, dont vous ne pouvez manquer
de remarquer les fleurs étranges, épaisses, charnues,
violacées, hérissées de poils rudes, ayant la forme
d'une étoile. N'approchez pas trop de cette plante en
fleur ; son odeur est peu agréable , cette particularité
d'ailleurs ne doit pas vous engager à l'exclure de votre
étagère, où elle tiendra très-bien sa place, en raison
même de la singularité de sa forme. Quant à son
odeur trop peu prononcée pour être incommode, je
ne vous en aurais pas parlé si elle n'avait été prise
pour une odeur d'une autre nature par les mouches dites mouches à viande, ce qui a donné lieu à
une observation d'histoire naturelle fort curieuse.

— Est-ce que les mouches ont un nez ? dites-
vous, madame.

— Ma foi, j'avoue que je n'en sais rien, bien que l'entomologie soit avec la botanique l'objet de mes études de prédilection ; mais ce que je sais parfaitement, c'est qu'elles ont le sens de l'odorat. Vous pouvez vous en assurer par vous-même, quand vous aurez sur votre étagère une Stapœlia fleurie. La fleur de Stapœlia sent la viande un peu avancée ; les mouches à viande, attirées par cette odeur, vont habituellement déposer, sur la viande à leur portée, des œufs qui donnent naissance à des vers destinés à devenir des mouches à leur tour. Enfermez des mouches à viande dans une chambre renfermant une fleur de Stapœlia, elles viendront pondre sur cette fleur. Elles ne peuvent être induites en erreur par le sens de la vue ; la fleur de Stapœlia ne ressemble en rien à un morceau de viande ; elles ne peuvent être trompées que par l'odeur, d'où les naturalistes concluent qu'elles ont, non pas un nez, mais le sens de l'odorat.

Sédums et Mézembrianthèmes.

Voici encore une famille de plantes aussi variée, aussi riche en jolies espèces à floraison abondante, à feuillage élégant, que la famille des Cactées elle-même : ce sont des *Sédums*, entre lesquels je vous ai déjà fait connaître le joli Sédum à fleur jaune étoilée des environs de Paris, celui-là même qui fleurit, sans terre et sans eau, suspendu par un fil à la tapisserie d'un appartement.

Un autre genre, celui des Mézembrianthèmes, aux fleurs nombreuses de toutes les nuances de rouge, depuis la couleur de feu jusqu'au rose le plus clair, appartient également à la série des plantes grasses; les plus jolies variétés ont été rendues naines par l'horticulture contemporaine. Si leur nom un peu long et un peu savant vous semble désagréable à prononcer, nommez-les tout bonnement *Glaciales*. C'est le nom vulgaire d'une des variétés les plus répandues, dont les feuilles et les tiges sont poudrées à blanc, comme si elles étaient couvertes de givre.

Il y a encore les *Crassulas*, aux feuilles élégamment imbriquées, avec leurs petits bouquets de fleurs du rouge foncé le plus vif; vous en trouverez aussi d'un rose clair; les unes et les autres aussi parfaites de formes, aussi brillantes de coloris, que les mêmes, sous leurs dimensions naturelles, de cinquante à soixante centimètres de hauteur.

J'en passe, et des meilleures; mais, quand vous aurez fait votre choix dans les plus jolies.variétés naines de *Cactées* des genres *Opuntia*, *Mélocactus*, *Echinocactus*, quand vous y aurez joint des *Stapœlias*, des *Sédums*, des *Glaciales*, des *Crassulas*, en vous en tenant aux variétés les plus distinguées, vous aurez, madame, non-seulement de quoi garnir votre étagère, fût-elle d'assez grandes dimensions, mais encore, de quoi remplir une élégante corbeille qui produira le meilleur effet sur le milieu de votre guéridon, et pendant plus de la moitié de l'année vous aurez constamment quelques-unes de vos plantes grasses naines couvertes des plus jolies fleurs.

Culture des plantes grasses naines.

Il reste à vous donner quelques indications sur la manière de les gouverner; il faut, à cet effet, vous dire deux mots du leur tempérament. Les Cactées, dans leur pays natal, supportent des chaleurs excessives et des sécheresses de six à sept mois, sans interruption, suivies de pluies diluviennes dont nos plus violentes pluies d'orage, en Europe, ne peuvent nous donner qu'une idée très-affaiblie. Pendant la saison sèche, la vie végétale des Cactées est à peu près interrompue; leur sommeil végétal est alors bien plus complet que ne l'est celui des plantes qui, chez nous, perdent leurs feuilles en hiver. La connaissance de ces faits permet déjà d'apercevoir à quel régime il convient de les soumettre. Toutes celles qui ne donnent pas de signe de végétation active, qui ne montrent ni jeunes pousses, ni boutons de fleurs, ne doivent être arrosées qu'une fois par semaine; on pourrait s'abstenir tout à fait de les arroser; il n'en serait ni plus ni moins. C'est ce qu'il faut faire, lorsqu'au retour de la belle saison les Cactées ne montrent aucune disposition à fleurir; laissez-les un mois ou deux à sec; elles n'en mourront pas, il n'y a pas de danger. Dès qu'elles rentreront spontanément en végétation, vous recommencerez à les arroser, d'abord modérément, ensuite un peu plus largement, jamais avec excès, avec de l'eau à la température de votre chambre. Les flots de pluie qu'elles reçoivent dans leur pays natal ne leur nuisent pas, parce que le climat tropical en rend l'évaporation rapide; il ne saurait en être de même dans votre appartement. La dose est d'une cuillerée à bouche pour les pots de la contenance d'un verre, et d'une cuillerée à café pour les pots de la contenance d'un verre à liqueur.

Nécessité de les priver d'eau pendant leur sommeil végétal.

Afin que vous compreniez bien la nécessité de ne pas arroser vos Cactées pendant le sommeil de leur végétation, je vous raconterai, madame, ce qui est arrivé, il y a quelques années, à un botaniste passionné pour les Cactées, dont il a une fort belle collection. On venait de lui envoyer de la province de Minas Geraës, au Brésil, une caisse de Cactées qu'il s'empressa de mettre en pots dans sa serre; il déposa provisoirement dans une armoire les échantillons en double, dont il se proposait de faire des générosités. Forcé de partir pour un assez long voyage, il oublia les Cactées dans son armoire, et les y retrouva quelques mois plus tard, à son retour, fanées, flétries, dans un état si déplorable, qu'il les crut perdues. Néanmoins, il les planta, vaille que vaille, et se mit à les arroser par degrés; toutes se rétablirent et fleurirent abondamment; celles qui avaient été plantées et soignées depuis leur arrivée ne fleurirent qu'en partie; plusieurs ne fleurirent pas du tout; en l'absence du botaniste, son jardinier avait craint de les laisser souffrir de la soif; il leur avait donné trop à boire.

Veuillez donc bien retenir, madame, que, pour que les Cactées fleurissent, il faut que le sommeil périodique de leur végétation soit complet, et qu'il ne peut l'être quand on les arrose à contre-temps. Quant à la température, elles sont d'un tempérament à s'accommoder très-bien de celle qui vous convient à vous-même; quand elles fleuriront, pendant la belle saison, mettez quelques heures par jour l'étagère devant la fenêtre ouverte : vos cactées s'en trouveront bien; leur floraison en sera plus brillante et plus prolongée.

Les Stapœlias se traitent comme les Cactées, sans aucune différence; les autres plantes grasses veulent un peu plus d'eau en hiver, leur sommeil végétal n'étant jamais aussi absolu que celui des Cactées et des Stapœlias; toutefois, si vous voulez qu'elles fleurissent bien quand elles se réveilleront, laissez-les

dormir ; ne les arrosez pendant leur sommeil que
quand elles paraîtront évidemment fatiguées par la
soif, et ne leur en donnez que juste autant qu'il en
faut pour qu'elles ne souffrent pas.

CHAPITRE IV

LE JARDIN DANS LA JARDINIÈRE.

Manières d'entretenir une jardinière fleurie.

C'est un fort joli meuble qu'une jardinière d'appartement ; ce meuble, qui peut être plus ou moins
simple ou plus ou moins orné, selon le degré de
simplicité ou d'élégance de l'ameublement avec lequel
il doit être en harmonie, fait, pour ainsi dire, partie
obligée du mobilier. Il y a deux manières très-dif-
férentes d'en tirer parti ; elles doivent être considé-
rées séparément.

Si vous voulez seulement des fleurs, tant qu'il vous est possible de vous en procurer, abonnez-vous avec un jardinier de profession. Moyennant une rétribution mensuelle qui n'aura rien d'exagéré, il s'engagera à tenir en toute saison votre jardinière garnie de plantes à fleurs; vos soins se borneront à les arroser et à les préserver de la poussière; vous en jouirez, mais elles ne seront pas votre ouvrage.

Plantes à cultiver dans la jardinière.

Il y a mieux que cela à faire quand on possède une jardinière et qu'on a le loisir et la volonté de donner des soins assidus aux plantes qu'il est possible d'y cultiver. Je vous suppose, madame, dans ces dispositions, prête à prendre volontiers un peu de cette peine qui est un plaisir, pour faire réellement de votre jardinière un jardin. Nous commencerons, si vous voulez, au mois de novembre, à l'époque où la chute des feuilles ramène dans les villes ceux qui ont passé la belle saison à la campagne.

Plantes grimpantes.

Faites choix d'une jardinière assez spacieuse, selon la place que vous avez à lui accorder; vous la tiendrez habituellement adossée à un mur, ce qui vous permettra d'y mettre un treillage en éventail que vous couvrirez d'abord de plantes grimpantes; elles ne seront pas la partie la moins intéressante de ce diminutif de parterre. Comme fond de garniture du treillage, plantez dans la jardinière une *Passiflore*, ou fleur de la Passion ; si large et si haut qu'il soit, la Passiflore en couvrira promptement la plus grande partie. Vous lui associerez une plante assez rare, la *Mandevillea suaveolens* et une plante très-commune, l'Œillet de bois. Ces trois plantes, la Passiflore, la Mandevillea et l'Œillet de bois fleurissent principalement par le haut ; afin que le bas du treillage soit également orné de fleurs, plantez à chaque bout une *Thunbergia alata*, et au centre une Violette double.

La Thunbergia s'accroche à tout ce qu'elle trouve à sa portée, sans jamais s'élever bien haut ; elle se couvre de charmantes fleurs d'un beau jaune nankin, rehaussé d'une tache noire au centre. On la trouve, comme la Passiflore et la Mandevillea, chez tous les jardiniers fleuristes ; le prix de ces plantes n'est jamais exagéré, et elles s'accommodent très-bien du climat factice d'un appartement habité. Gardez-vous bien de les acheter fleuries, quand même vous trouveriez à les acheter en pleine floraison ; ne les prenez tout au plus qu'en boutons, il vous sera bien plus agréable de les faire fleurir vous-même.

Violette double grimpante.

Il est possible, madame, que vous n'ayez jamais vu un pied de Violette double grimper le long d'un treil lage ; la culture de la Violette double sous cette forme est commune en Belgique et dans tout le nord de la France; elle n'offre aucune difficulté.

La Violette double produit naturellement tous les ans un certain nombre de coulants analogues à ceux par le moyen desquels se propage le fraisier. Relevez ceux de ces coulants qui sont placés de manière à pouvoir facilement s'attacher au bas du treillage, et supprimez tous les autres. Les touffes par lesquelles chaque coulant est terminé fleuriront abondamment dans cette position ; après la floraison, il en sortira d'autres coulants que vous palisserez comme les premiers sur le treillage en les étalant, pour qu'ils n'envahissent pas l'espace réservé aux autres plantes grimpantes. Par ce système continué pendant quelques années (il faut du temps pour tout en horticulture), les coulants relevés et palissés seront devenus presque ligneux ; tous les ans, de la fin de l'hiver au milieu du printemps, vous y pourrez cueillir une profusion de violettes doubles forcées, bien plus agréables pour vous que celles dont la bouquetière peut vous faire cadeau pour votre argent.

Plantes pour l'intérieur de la jardinière.

L'intérieur de la jardinière est encore libre ; pour le bien remplir, placez au centre un beau Camellia, un *Donkelarii* ou une *Marquise d'Exeter*, si vous aimez le rose; un *Alba flore plena*, un *Fimbriata* ou

un *Ochroleuca*, si le blanc vous est plus agréable.
D'ailleurs, la collection de Camellias n'en renferme
pas moins de cinq à six cents, à fleurs très-distinctes
entre elles ; il y a du choix. Seulement, ne prenez
pas pour la jardinière un pied trop élevé, qui tende
trop à monter ; il nuirait à l'effet ornemental des
plantes palissées sur le treillage.

Soins de culture à donner aux Camellias.

Au moment où vous achetez votre Camellia, il doit
être chargé de boutons parvenus environ à la moitié de leur volume. Si ces boutons sont trop nombreux, surtout s'il y en a deux ou trois en paquet
près les uns des autres, il ne faut pas hésiter à en
sacrifier une partie. Mais, comme le pédoncule très-
court qui l'attache à la branche est justement la partie
la plus délicate du bouton à fleur du Camellia, si
vous détachiez sans précaution ceux qui sont de trop,
tous tomberaient les uns après les autres, et vous
n'obtiendriez pas une seule fleur. Heureusement, il
est facile de parer à cet inconvénient. Avec une lame
de canif bien affilée, coupez horizontalement les boutons que vous ne voulez pas conserver, en prenant
garde de ne pas leur imprimer trop de secousses, et
surtout en évitant de toucher au pédoncule. Il ne
restera de ces boutons que la moitié inférieure ;
cette moitié tombera bientôt d'elle-même, et sa chute
n'entraînera pas celle des boutons entiers, qui alors

fleuriront parfaitement un mois ou deux plus tard. Ayez soin d'ailleurs de ne jamais arroser votre Camellia avec de l'eau trop froide ; cette recommandation est tellement importante, que je ne crains pas de la renouveler ; donnez-lui de temps en temps un demi-verre d'eau de vaisselle, si sa végétation ne vous semble pas assez vigoureuse ; lavez et essuyez ses feuilles le plus souvent possible, à l'envers comme à l'endroit, et il fleurira dans votre jardinière aussi bien que s'il n'avait jamais quitté la serre du jardinier qui vous l'a vendu.

Réséda en arbre.

Quelques jolis pieds d'Éricas (Bruyère du Cap), des variétés de dimensions moyennes et un ou deux Piméléas, l'un à fleur blanche retombante, l'autre à fleur rose redressée, achèveront de remplir la jardinière ; ne manquez pas de réserver aux deux bouts une petite place pour deux pieds de Réséda en arbre. Vous n'avez peut-être jamais vu de Réséda autrement que sous sa forme ordinaire de plante herbacée ? Il vous serait d'ailleurs difficile de vous procurer deux Résédas en arbre tout formés, à moins que vous n'habitiez le nord de la France, où ces jolis arbustes sont fort à la mode. Dans ce cas, achetez tout simplement un pot de réséda, pour 15 à 20 centimes.

Ce pot renfermera probablement une touffe obtenue de semis, et formée de plusieurs plantes ; vous les

arracherez toutes, moins une, et, comme le Réséda est
une plante des plus rustiques, qu'on peut traiter sans
beaucoup de ménagement, la plante unique que vous
conserverez au centre du pot sera taillée sévèrement;
vous n'y laisserez qu'une seule pousse attachée à un
tuteur mince d'osier blanc. L'extrémité de cette
pousse donnera un épi de boutons à fleurs que vous
rognerez au-dessous du dernier bouton inférieur; la
tige, par suite de ce pincement, donnera une multitude de jeunes pousses que vous laisserez développer
librement, jusqu'à ce qu'elles aient environ un décimètre de long. Alors, vous en choisirez quatre, six,
huit, selon la force de la plante, bien également es-
pacées entre elles. Avec une mince baguette d'osier
blanc, ou mieux avec un bout de baleine, vous formerez un cercle sur lequel vous attacherez les pousses du Réséda. Lorsqu'elles se seront encore allongées
de six à huit centimètres et qu'elles se disposeront
à fleurir, vous les soutiendrez par un second cercle
semblable au premier. Quand les tiges auront fleuri,
vous supprimerez les fleurs sans laisser aux capsules
renfermant la graine le temps de se former, sans quoi
la plante serait exposée à périr. De nouvelles pousses
nées au-dessous de l'épi de fleurs retranché ne tar-
deront pas à se montrer ; vous ferez choix de la mieux
placée comme branche de remplacement. Peu à peu,
la tige principale deviendra ligneuse, le bas des branches se solidifiera de même; le Réséda ne sera plus

une plante herbacée que par ses extrémités supé-
rieures, qui fleuriront toute l'année, sans interruption; ce sera un vrai Réséda en arbre, d'une durée,
pour ainsi dire, indéfinie. En en prenant bien soin,
un Réséda en arbre vit douze à quinze ans; j'en ai vu
en Hollande qui avaient le double de cet âge.

Ressources qu'offre la jardinière d'appartement.

Ornée et dirigée comme je viens de vous l'indiquer, votre jardinière sera pour vous, madame, une
source continuelle des plus agréables délassements;
Il y aura toujours de l'ouvrage autour de vos plantes. Le plaisir de pourvoir à tous leurs besoins vau-
dra autant pour vous que celui de les voir fleurir
tour à tour ; leur floraison sera bien le fruit de votre
travail; elle aura été méritée par la culture : elle
aura pour vous cent fois plus de prix que celle des
plus belles plantes achetées en fleurs chez le jardinier
et remplacées par d'autres, sans votre intervention.

Vous comprenez, madame, qu'en dehors des plantes
dont je viens de vous conseiller d'orner votre jardinière, vous avez une immense latitude et des ressources pour ainsi dire illimitées, dans plusieurs séries d'autres plantes également dignes de vos soins.
La multiplication et la culture de ces plantes devant
se retrouver dans la suite de ce traité, je m'abstiens
de les indiquer ici, afin d'éviter le double emploi;
j'aurai soin de vous faire connaître celles qui peu-

vent figurer avec avantage dans la jardinière de votre appartement, qui peut, si les dispositions locales
le permettent, former le pendant du jardin sur la
cheminée, en compagnie du jardin sur l'étagère.

Remarquez bien, je vous prie, madame, que les
fleurs sont comme les enfants : pour les bien élever,
il faut les aimer. Si vous n'aimiez pas assez les fleurs
pour en prendre les soins qu'elles réclament, les conseils qui précèdent, non plus que ceux des chapitres
suivants, ne s'adresseraient pas à vous.

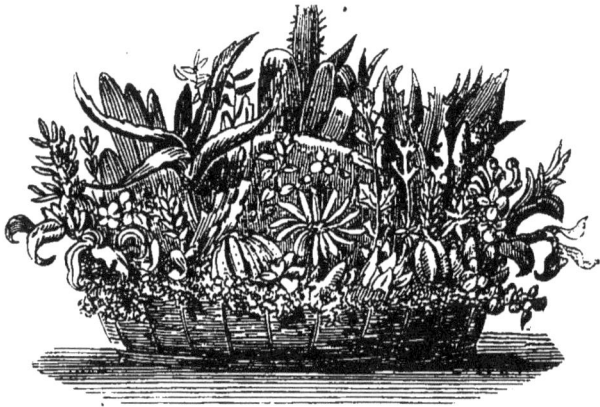

CHAPITRE V

Le cercle des plantes qu'il est possible de cultiver
avec succès dans l'appartement est sensiblement
agrandi, lorsque, au lieu d'orner le guéridon du salon
d'une ample corbeille garnie d'un assortiment de
plantes grasses naines, on consacre le même emplacement à une serre portative. Les serres de ce genre
peuvent, ainsi que les jardinières, recevoir toute
espèce d'ornement extérieur, conformément au genre
d'ameublement avec lequel elles doivent se trouver
en contact ; ce point dépend entièrement du goût et

de la position de ceux qui se proposent de les utiliser.

Serre froide portative.

La serre portative peut être froide, c'est-à-dire
dépourvue de moyens particuliers de chauffage ; elle
peut aussi être tempérée, c'est-à-dire munie d'un
appareil pour produire la chaleur artificielle. Sauf
les dimensions et l'ornementation plus ou moins élégante, ce n'est autre chose qu'une grande *verrine*,
dont les vitrages, soutenus par une mince charpente
de fer, sont assemblés au moyen de bandes de
plomb. Plusieurs des compartiments supérieurs s'ou-
vrent à charnière, soit pour laisser pénétrer l'air à
l'intérieur de la serre, soit pour pouvoir soigner et
cultiver les plantes auxquelles elle sert d'abri.

Une multitude d'expériences intéressantes, de résultats charmants en horticulture, peuvent être réa-
lisés, rien que dans une serre froide portative. Les
pots de petites et de moyennes dimensions que cette
serre recouvre peuvent admettre une garniture de
plantes d'élite, prises dans toute la série des végétaux d'ornement non-seulemen de serre froide, mais
aussi de serre tempérée. Si a serre froide portative
n'a pas d'appareil particulier de chauffage, elle est
placée dans un lieu habité, dont elle prend nécessairement la température ; or cette température est à
très-peu de chose près celle de la serre tempérée.

Fig. 4. — Serre froide portative.

Utilité principale de la serre froide portative.

Il est très-probable, madame, qu'une grande partie des personnes que vous voyez habituellement aime ainsi que vous à faire du jardinage de salon. Si vous disposez d'une serre froide portative, il ne tient qu'à vous de multiplier, pour ainsi dire indéfiniment, les plantes d'ornement les plus recherchées ; après avoir réservé pour vous-même la quantité qu'exige l'entretien de vos propres collections, il vous en restera un large approvisionnement, qui pourra vous servir à faire des heureux.

Il faut d'abord faire remplir de bonne terre de bruyère sableuse les pots contenus dans votre serre froide portative, puis nous y ferons tout à notre aise de la multiplication. Rien n'est plus amusant, soit qu'on en garde les produits, soit qu'on les donne quand on les a fait arriver à un degré de développement présentable; vous avez à cet effet trois moyens à votre disposition : Les *semis*, les *boutures* et la *greffe ;* rien de tout cela n'est difficile en soi; pour réussir, il ne faut que de l'attention et beaucoup de patience.

Semis.

La liste des plantes d'ornement qu'on peut multiplier en pots dans la serre portative est excessivement nombreuse, même quand on veut s'en tenir au jardinage d'appartement. Nous en choisirons quel-

ques-unes des plus dignes d'intérêt ; leur multiplication de semis vous donnera une juste idée de celle
de toutes les autres parmi lesquelles vous pouvez
prendre celles qui sont le plus de votre goût.

Semis de graines d'Azalées.

Commençons par les Azalées. Procurez-vous des
graines des variétés les plus recherchées ; elles ne
reproduiront pas toujours exactement l'arbuste sur
lequel les graines auront été récoltées, et c'est tant
mieux ; quand vos jeunes plantes de semis fleuriront
pour la première fois, vous serez agréablement sur-
prise d'y trouver des nouveautés remarquables par
l'ampleur des corolles, l'éclat ou la délicatesse du
coloris ; celles dont la floraison ne vous semblera pas
satisfaisante, et ce sera le plus petit nombre, pourront être utilisées comme sujets pour recevoir la
greffe des espèces qui vous conviendront le mieux.
Ayez soin de ne pas recouvrir la graine d'Azalées de
plus de trois à quatre millimètres de terre que vous
tiendrez constamment fraîche sans excès d'humidité,
en arrosant souvent les pots et donnant peu d'eau à
la fois. Ces pots placés sous la serre portative ne sont
en contact à leur surface qu'avec une atmosphère
chargée d'humidité, et qui ne se renouvelle pas ;
l'évaporation est presque nulle ; la température est
douce et très-égale, ce sont les meilleures conditions
pour obtenir une bonne germination, une bonne

levée, comme disent les jardiniers. Chaque pot n'ayant reçu qu'un petit nombre de graines, les jeunes Azalées de semis y pousseront à leur aise, sans se gêner réciproquement. Dès qu'elles auront assez de consistance pour supporter le repiquage, vous les arracherez une à une, et vous les transplanterez isolément dans de petits pots où elles continueront à croître, jusqu'à ce qu'elles soient devenues trop grandes pour continuer à habiter la serre portative. Alors prélevez votre part et distribuez le reste ; c'est un genre de présents qui ne peut manquer d'être bien reçu.

Les graines de Rhododendrons se sèment exactement dans les mêmes conditions que les graines d'Azalées ; elles donnent le même résultat.

Semis de pepins d'oranges.

L'un des arbustes que vous ne pouvez manquer de multiplier de semis dans la serre portative, c'est l'Oranger. Vous sèmerez à cet effet des pepins d'oranges bien mûres ou de citrons ; ces derniers sont ceux qui lèvent le mieux. Au lieu de terre de bruyère pure, ces pepins demandent un mélange de terre de bruyère et de bon terreau. Les jardiniers de profession enterrent dans une couche chaude recouverte d'un châssis vitré les pots où ils ont semé des pepins d'oranges et de citrons ; mais c'est parce qu'ils sont pressés et que pour eux, gagner du temps, c'est gagner de l'argent. Vous, madame, qui ne devez pas agir sous l'empire des mêmes nécessités, en semant vos pepins en février, époque de l'année où il y a du feu dans votre appartement, la température de l'intérieur de votre serre froide portative sera suffisamment élevée pour qu'ils lèvent du quinzième au vingtième jour. Vos jeunes arbres de semis seront, par parenthèse, beaucoup mieux sous l'abri de votre serre portative que partout ailleurs : trop d'air et trop de lumière leur nuiraient pendant la première période de leur croissance ; vous aurez le plaisir de les voir grandir assez vite en les arrosant modérément. Vers le mois de juillet, ils seront déjà forts ; les panneaux de la serre devront rester fréquemment ouverts pour habituer les jeunes Orangers au contact de l'air. Quelques-uns pourront être greffés vers la Toussaint ; les autres le seront au printemps de l'année suivante, et, quand vous verrez s'épanouir leur première floraison, elle vous sera plus agréable que toutes les fleurs d'Oranger des orangeries des Tuileries, du Luxembourg et de Versailles réunies.

Semis de graines d'Œillets flamands.

Côte à côte avec vos semis d'Azalées, de Rhododendrons et d'Orangers, semez des graines d'Œillets flamands, dans le même mélange de terre de bruyère et de terreau que j'ai indiqué comme le plus convenable aux pepins de citrons et d'oranges. Le plant, repiqué dès qu'il aura quelques centimètres de haut, y

donnera l'année suivante des Œillets d'élite qui seront
l'un des plus beaux ornements de votre jardinière.

Semis de graines de Renoncules.

Semez aussi des graines de Renoncules, charmante
fleur sans défaut pour la forme et le coloris ; il ne
lui manque que le parfum ; pour le jardinage d'appartement, c'est à peine un défaut. Pour les semis
de graines de Renoncules, procurez-vous un peu de
bouse de vache bien sèche et réduite en poudre ; la
laitière, pour quelques centimes, vous en remplira
plusieurs des petits pots de la serre froide portative.
Après avoir légèrement humecté ce terreau, car la
bouse desséchée est passée à l'état de terreau, semez-
y, en les enterrant très-peu, les graines de Renoncules; elles lèveront au bout de quelques jours.
Quand vous verrez les petites feuilles du plant de
semis se faner et jaunir, cessez tout à fait de les
arroser. Retirez de la serre froide portative au bout
de quelques jours les pots dont le contenu sera parfaitement sec ; émiettez ce contenu avec précaution,
et passez-le à travers une passoire de fer-blanc percée de trous très-fins. Il restera sur la passoire de
très-petites griffes de Renoncules, n'ayant pas plus
de deux ou trois doigts chacune.

Vous craignez peut-être, madame, que ces griffes
si délicates ne vous fassent attendre bien longtemps
leur floraison ? Détrompez-vous. Au printemps de

l'année prochaine, vous les planterez dans des pots
à fleurs de grandeur ordinaire, dans un mélange de
bonne terre ordinaire de jardin et de terreau ; toutes
fleuriront avant la fin de la belle saison. Vous voyez
combien de choses vous pouvez faire en horticulture
sous la serre froide portative, rien que dans la série
des semis ; les boutures vous offrent des plaisirs non
moins variés ; les greffes, que vos doigts habitués à
des ouvrages délicats sauront parfaitement exécuter,
ne vous procureront pas moins d'agrément ; vous
aurez autour de vous, au bout de quelque temps,
toute une génération de plantes d'ornement vivaces
que vos soins auront fait naître et que votre solici-
tude constante fera prospérer ; vous finirez par vous
attacher à tous ces gracieux végétaux comme à des
amis ; vous pourrez les considérer comme vos créa-
tures.

CHAPITRE VI

Art de faire des boutures.

C'est assurément un des faits les plus curieux de tous ceux que révèle l'étude de la Physiologie végétale, que cette prodigieuse multiplicité de ressources ménagées par la nature pour la propagation des végétaux. La vie est disséminée dans toutes les parties des plantes avec tant de profusion, que chez plusieurs d'entre elles le moindre fragment placé dans

des conditions favorables devient une plante com-
plète. L'art de faire des boutures repose sur la connaissance de cet ordre de faits. S'il ne vous est
jamais arrivé d'en faire ou d'en voir faire, je vous
dirai, madame, qu'une bouture est une partie d'un
végétal détaché de la plante mère, et mise en terre
dans l'espoir qu'elle y pourra prendre racine.

Que faut-il pour qu'une bouture s'enracine ? Il faut
qu'elle puisse vivre assez longtemps de sa propre
énergie vitale pour attendre le moment où les jeunes
racines récemment formées puiseront leur nourriture
dans le sol. Quand le tissu de la plante est mou,
qu'elle contient beaucoup d'eau, et que le rameau
détaché pour servir de bouture reste exposé à l'air
libre, la bouture ne s'enracine pas ; elle se dessèche
trop rapidement, et l'opération est manquée. Les
racines se forment toujours, au contraire, quand, par
l'exclusion de l'air extérieur, on ralentit l'évaporation,
tout en maintenant la partie inférieure de la bouture
dans un milieu constamment humide, qui la sollicite
à s'enraciner.

Boutures dans la serre froide portative.

Ceci vous permet déjà, madame, d'entrevoir de
quelle utilité doit être votre serre froide portative
pour multiplier toute espèce de végétaux de bouture.
Nous pouvons commencer par vos jolies petites plantes grasses naines dont les fragments détachés pren-

dront racine sous cet abri, avec une docilité merveil-
leuse. Prenons pour exemple un gracieux Opuntia
nain, et séparons une de ses petites raquettes, en la
coupant à sa base avec un canif bien tranchant. Si
vous mettiez cette raquette en terre comme bouture,
au moment où vous venez de la couper, la surface
de la blessure en contact avec la terre pourrirait et
n'émettrait aucune racine. Vous aurez donc bien soin
de laisser la bouture posée à plat sur l'un des dressoirs de votre étagère, pendant deux ou trois jours,
afin que cette plaie éprouve un commencement de
cicatrisation ; alors seulement vous la planterez
comme si elle avait déjà des racines, et, en effet,
elle ne tardera pas à en avoir. Pour vous en assurer,
vous n'aurez pas besoin de la déterrer, comme font
les enfants qui, lorsqu'ils ont mis en terre un haricot,
le déterrent une ou deux fois par jour pour voir s'il
se dispose à germer, de sorte qu'il ne lève jamais ;
dès que votre bouture aura bien pris possession de la
terre du pot par ses jeunes racines, elle ne manquera pas de vous en avertir, en donnant à sa partie
supérieure naissance à de petites raquettes. Chez une
plante quelconque, multipliée de bouture, l'accroissement de la partie supérieure est le signe le plus
certain de l'existence des jeunes racines. Toutes les
plantes grasses naines du jardin sur l'étagère se
bouturent comme l'Opuntia, en ayant soin de laisser
les parties qui doivent être bouturées se ressuyer au

contact de l'air avant de les planter dans des pots
abrités par la serre froide portative.

Boutures de feuilles.

Si vous avez, à chaque saison, renouvelé la garniture de votre jardinière, vous y devez avoir, à un
moment donné, des *Achimènes* en fleurs. Ce sont de
jolies plantes, très-florifères, d'une culture facile,
dont les fleurs tubulées, à peu près de la même forme
que celles du *Paulownia*, sont ou d'un beau violet
clair uni, ou d'un rouge de feu, régulièrement mar-
quées de jaune et de pourpre à l'intérieur. Détachez
une feuille d'Achimènes, bouturez-la par son pédoncule, elle prendra racine et deviendra en peu de
temps une plante semblable à celle dont elle aura
été séparée. Mais, si l'espèce que vous désirez multiplier par ce moyen est rare, et que vous n'en
possédiez qu'une feuille, due à l'obligeance d'un
amateur, fendez cette feuille dans le sens de sa ner-
vure principale ; fendez ensuite les deux moitiés en
quatre ou cinq morceaux, dans le sens des nervures
latérales. Chaque fragment, traité comme une bouture, ne manquera pas de prendre racine ; seulement,
comme les tissus de la plante sont très-lâchés, et
que l'évaporation ferait en peu de jours périr les
boutures, vous ferez prudemment, outre l'abri de la
serre froide, de les recouvrir isolément d'un petit
verre renversé.

Boutures de Bégonias.

Un autre genre de plantes non moins agréable,
le genre *Bégonia*, se multiplie par boutures de feuilles
d'une manière un peu différente. Les pédoncules des
feuilles des Bégonias sont de forme cylindrique ; ceux
de la *Bégonia manicata*, ou Bégonia à manchettes,
sont ornés d'une frange élégante vers la moitié de
leur longueur. Si vous bouturez une de ces feuilles
sous votre serre portative, ne vous effrayez pas, madame, de voir au bout de quelques jours la feuille
entière se flétrir, puis se retirer sur elle-même,
comme si elle était grillée par un violent coup de
soleil ; la vie végétale s'est retirée dans le pétiole ;
le succès de l'opération n'est pas compromis. Quand
la feuille sera desséchée, retirez de terre le pétiole ;
il n'aura pas encore de racines, à proprement parler ;
mais, tout autour de son bord inférieur, vous distin-
guerez déjà des tubercules composant une sorte de
bourrelet assez saillant : ce sont les rudiments des
racines prêtes à sortir. Fendez en cinq ou six bandes,
dans le sens de sa longueur, le pétiole épais et charnu,
bien qu'il soit vide à l'intérieur ; chaque bande,
pourvu qu'il y ait à sa base une portion du bourrelet
d'où doivent sortir les racines, deviendra en peu de
temps une belle plante de Bégonia manicata ; vous
pourrez faire autant de boutures que le pétiole vous
aura fourni de morceaux ; tous s'enracineront

Une infinie variété de plantes de serre froide et de serre tempérée peut être ainsi multipliée dans votre serre portative ; c'est pour vous une source inépuisable de délassements, en même temps qu'une précieuse ressource pour renouveler la garniture de la jardinière et de l'étagère en toute saison.

Boutures de Rosiers.

Vous y pouvez joindre toute une collection de Rosiers de petite taille pris dans la série des Rosiers du Bengale et de ceux de la Chine, depuis les Bengales nains, qu'on élève dans un pot grand comme un coquetier, jusqu'aux Rosiers de Chine à fleur nacarat foncé, qui vivent très-bien dans un verre à boire de grandeur ordinaire. Le moindre fragment de rameau de l'un de ces Rosiers, que vous aurez bouturé dans la serre froide portative, y prendra racine et montrera ses fleurs dès la première année.

Boutures de Pélargoniums et de Chrysanthèmes.

N'oubliez pas de bouturer aussi une bonne provision des plus jolies espèces de Pélargoniuns de fantaisie et de Chrysanthèmes de l'Inde, spécialement des Chrysanthèmes pompons, charmantes petites plantes, très-florifères, qui fleurissent tout l'hiver, qui donnent, pour ainsi dire, à l'exception du bleu franc, toutes les nuances de l'arc-en-ciel, et de plus le blanc le plus pur et le pourpre foncé presque noir.

Ces Chrysanthèmes possèdent, au point de vue du bouturage, une propriété toute particulière, digne de votre attention ; elles se bouturent à tous les degrés d'avancement de leur végétation. S'il en est dont les dimensions naturelles s'accordent bien avec l'espace que vous avez à leur conserver, prenez pour les bouturer de jeunes pousses longues de cinq à six centimètres. Ces boutures promptement enracinées arriveront avec le temps au volume normal de leur espèce, après quoi elles fleuriront. S'il en est, au contraire, dont les dimensions dépassent de beaucoup l'espace dont vous pouvez disposer en leur faveur, attendez pour les boutures que les boutons qui terminent l'extrémité supérieure des rameaux soient à peu près à la moitié de leur grosseur. Alors seulement détachez-les et plantez-les dans des pots où bientôt ils auront pris racine. Les boutons continueront à se développer et vous obtiendrez une aussi belle floraison que sur les plantes demeurées entières ; seulement, elles ne grandiront pas ; leur taille restera ce qu'elle était au moment où elles auront été mises en terre.

Boutures dans la serre portative chauffée.

Jusqu'ici, madame, je ne vous ai entretenu que des boutures qu'il est possible de faire avec succès dans la serre froide portative ; vous en pourrez faire bien d'autres, et des plus intéressantes, si au lieu de vous en tenir à une serre froide portative vous adoptez pour le guéridon de votre salon une serre portative tempérée. A part la forme qui peut varier selon le goût des amateurs, la différence essentielle entre ces deux serres portatives, c'est que la seconde peut être chauffée à volonté. Le support creux à l'intérieur renferme une lampe à l'esprit de vin qu'on allume lorsque la serre a besoin d'être chauffée. Immédiatement au-dessus de cette lampe, est placée une cavité remplie d'eau et recouverte d'un grand diaphragme de terre cuite sur lequel reposent les pots où vivent les plantes cultivées dans la serre. Un petit entonnoir s'adapte au besoin à un goulot destiné à cet usage, quand on doit verser de l'eau dans la cavité, pour remplacer celle qui s'évapore sous l'influence de la chaleur de la lampe. Plusieurs ouvertures latérales donnent issue à la vapeur d'eau. Quoique la chaleur produite par la flamme de la lampe ne soit pas bien forte, elle suffit pour chauffer l'eau de la cavité qui communique au diaphragme de terre cuite une bonne température; celle de l'atmosphère intérieure de la serre s'élève dans la même proportion et se maintient facilement au degré habituel d'une serre tempérée, entre douze et dix-huit degrés centigrades.

Boutures de Camellias.

Avec cet accroissement de ressources, de très-jolies plantes qui refuseraient de s'enraciner dans la serre froide vous donneront dans la serre portative chauffée des boutons dont vous aurez le plaisir de voir

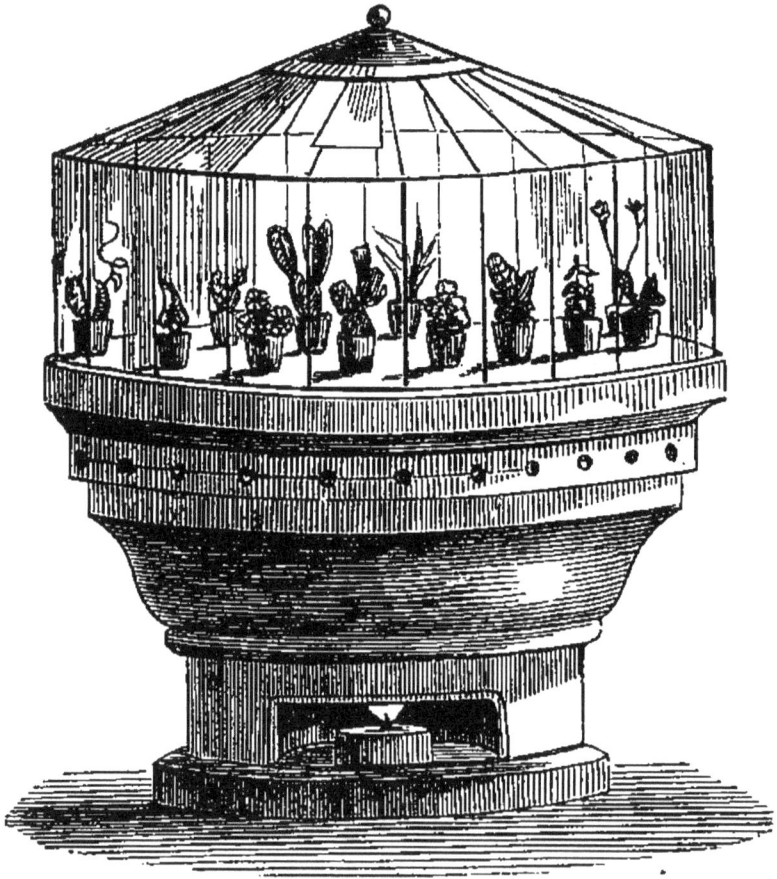

Fig. 5. — Serre portative chauffée.

progresser la croissance, et qui jetteront dans vos
collections ainsi que dans la décoration florale de
votre appartement la plus agréable variété. Commençons par y bouturer des camellias ; ce roi des arbustes de serre froide ne s'enracine que très-difficile-
ment sans le secours de la chaleur artificielle ; ses
boutures forment au contraire leurs racines dans l'espace de quinze à vingt jours, dans la serre portative
chauffée. Du reste, vous êtes prévenue, madame,
que les plus belles variétés de Camellias, bien qu'elles
puissent s'enraciner de bouture, ne produisent par
ce mode de multiplication que des plantes mal con-
formées, chétives et peu disposées à bien fleurir. Il
ne faut bouturer que les rameaux de Camellia à fleur
simple, blanc à fleur double, ou rose ponctué, de la
variété que les Anglais nomment *Pinck*. Ceux-là, vous
en ferez des boutures tant que vous voudrez, et ces
boutures deviendront des arbustes aussi vigoureux
que vous pouvez le désirer. Sur ces arbustes âgés d'un
an ou de dix-huit mois, vous multiplierez au moyen de
la greffe les espèces et variétés les plus recherchées ;
elles y pousseront à souhait. C'est encore là une
charmante opération d'horticulture de salon, que
vous n'auriez pu réaliser facilement dans la serre
froide portative ; dans la serre chauffée, au contraire,
greffez toute sorte d'arbustes d'ornement, le succès
de vos greffes est assuré d'avance : pas une ne manquera.

CHAPITRE VII

De la greffe en général.

Avant de connaître la manière de pratiquer les différentes greffes qui sont du domaine de l'horticulture de salon, vous désirez peut-être, madame, savoir un peu ce que c'est que la greffe en elle-même, considérée d'un point de vue général. La greffe est, madame, s'il m'est permis d'employer cette expression, un mariage forcé, souvent mal assorti, dont les suites ne peuvent être heureuses que quand les deux individus réunis, sans avoir été consultés, sont très-proches parents, c'est-à-dire quand ils appartiennent à des espèces ou variétés très-voisines les unes des autres. Nous avons fait avec succès, dans la serre portative froide ou chauffée, divers genres de boutures ; la greffe est encore une bouture d'un autre genre. Au lieu de mettre cette bouture en terre pour qu'elle y vive par ses racines, on la met sur une portion dénudée d'un autre végétal ; au lieu d'émettre des racines pour continuer à vivre, la greffe se soude au sujet chargé de la nourrir, et vit par les aliments qu'elle en reçoit, sans changer sa nature propre, sans modifier en rien celle du sujet. C'est ce que vous avez pu remarquer dans les jardins ; si le sujet de prunier, qui a reçu pour greffe un abricotier, donne de jeunes pousses au-dessous de la greffe, ce sont des pousses de prunier ; si l'églantier sauvage sur lequel un rosier de choix a été greffé repousse au-dessous de la greffe, il ne produit que des rameaux d'églantier, tels qu'ils seraient si cet arbuste n'avait point été greffé. De là, l'un des résultats les plus curieux et les plus utiles de la greffe en horticulture ; c'est par elle que des variétés et sous-variétés fugitives, impossibles à reproduire par les semis, difficiles même à conserver par le bouturage, se fixent et se propagent indéfiniment.

Aperçu sur les greffes possibles.

Pour n'y plus revenir, je vous ferai remarquer dès à présent, madame, que le domaine des greffes possibles est très-vaste et n'a pas encore été com-

plétement exploré. Vous savez, comme tout le monde,
qu'on greffe les arbres fruitiers et les rosiers ; je
vais me faire un plaisir de vous faire greffer des
orangers et des camellias dans votre serre portative ; quand nous en serons à faire du jardinage sur
les balcons de votre appartement, je vous ferai planter dans une caisse une simple et modeste pomme
de terre, afin que vous ayez la satisfaction de greffer sur ses tiges des pousses de tomates. Ces pousses
fleuriront et donneront leur fruit, tandis que la végétation de la pomme de terre ira son train et qu'elle
continuera à former ses tubercules. En fin de compte,
vous récolterez des pommes de terre de quoi en pré-
parer un plat et assez de tomates pour la sauce d'une
entrée de bœuf. J'offre de parier, madame, que cette
sauce aux tomates vous semblera meilleure que toutes les autres du même genre préparées par votre
cuisinière, fût-elle le premier cordon-bleu de tout
Paris.

Quand vous aurez un Aquarium (je vous explique-
rai plus tard ce que c'est), vous y pourrez cultiver
du riz qui viendra parfaitement à maturité ; vous
grefferez les pousses de ce riz sur des roseaux du
genre *Phalaris*, et vous verrez qu'elles n'en pousseront pas moins, et n'en formeront pas moins leurs
épis. Si je vous indique ces faits par anticipation,
c'est pour vous mettre à même d'apprécier tout ce
qu'il est possible de faire au moyen de la greffe,
rien que dans l'horticulture de salon.

Greffe de l'oranger.

Voici de jeunes sujets provenant de pépins d'oranges et de citrons de vos semis d'un an; ils ont la grosseur d'un tuyau de plume; leur bois a de la consistance; leur végétation est vigoureuse; il est temps de les greffer. Prenons pour greffes de jeunes pousses d'oranger de la Chine, à feuilles de myrte; c'est une des plus jolies variétés à cultiver dans l'appartement, soit pour ses fleurs nombreuses à odeur suave sans être trop forte, soit pour les fruits qui succèdent à ces fleurs et qui peuvent être confits au sucre et à l'eau-de-vie, pour faire sous le nom de *Chinois* les délices d'une classe nombreuse de consommateurs.

Vers le milieu de la hauteur du sujet, vous faites choix d'une feuille bien verte et bien conformée; dans l'aisselle de cette feuille, c'est-à-dire au point où elle est insérée sur la tige, il y a un œil qui finirait par s'ouvrir pour produire une branche latérale.

Avec un canif fraîchement repassé, coupez. en biais le bois au-dessus et au-dessous de l'œil, de manière à le faire tomber sans détacher la feuille; il en résultera une entaille dont vous examinerez avec soin la forme et les dimensions. Cela fait, vous taillerez avec le même canif le bas de la petite branche d'oranger à feuille de myrte destinée à servir de greffe, de façon à ce qu'elle s'emboîte très-exactement dans l'entaille du sujet. Comme la greffe n'y est posée qu'en équilibre et que le moindre choc, en attendant que la soudure se soit opérée, pourrait la faire tomber, vous n'oublierez pas de l'assujettir par une bonne ligature. Ici se présente une difficulté, qu'on peut d'ailleurs surmonter aisément avec un peu d'attention. Si vous serrez trop peu la ligature de la greffe, elle ne tiendra pas, ce qui pourra en compromettre le succès ; si vous la serrez trop, vous gênerez la circulation de la séve, vous aurez étranglé la greffe, comme disent les jardiniers. Ayez donc soin de ne serrer que modérément la ligature, afin qu'elle tienne juste autant qu'il le faut pour consolider la greffe, et d'employer à cet effet du fil de laine non tordue qui, dans le cas où vous auriez serré un peu trop fort, se prêterait par son élasticité aux exigences de la circulation de la séve, et préviendrait l'étranglement.

Applications de la même greffe.

Toutes les greffes de ce genre que vous pourrez faire sur des arbustes d'ornement à feuilles persistantes autres que les orangers, spécialement sur des Daphnés et des Myrtes, réussiront à souhait, pourvu qu'au moment où vous grefferez ces arbustes ils soient *bien en séve*, c'est-à-dire pourvu que leur végétation soit en pleine activité. A la rigueur, chez les arbustes d'ornement à feuilles persistantes, la séve n'est jamais complétement stationnaire comme elle

Fig. 6. — Greffe de l'Oranger à la Pontoise.

l'est en hiver chez ceux qui perdent leurs feuilles ; mais, après le demi-repos de l'hivernage, leur séve repart avec une énergie nouvelle ; c'est le moment le plus favorable pour les greffer.

Greffe à la Pontoise

Quant à l'oranger, son principe vital est tellement actif qu'on peut sans crainte confier à un sujet de l'âge d'un an à dix-huit mois de semis, une greffe toute chargée de boutons prêts à fleurir, et d'un diamètre presque égal à celui du sujet. La reprise a lieu immédiatement ; le cours de la séve n'est pas sensiblement interrompu, et les boutons s'épanouissent comme s'ils étaient restés sur l'arbuste dont la greffe a été détachée. Dans tous les cas, la partie du sujet placée au-dessus de la greffe est supprimée, de sorte que le sujet qui continue à grossir forme seul le bas du tronc, tandis que la tête de l'oranger est exclusivement formée par la greffe. Si ce genre de greffe, nommé par les jardiniers *greffe à la pontoise*, était fait à l'air libre, l'évaporation par les feuilles tuerait la greffe avant sa reprise ; elle ne peut réussir qu'à l'*étouffer*, c'est-à-dire hors du contact de l'air. Vos jeunes orangers greffés à la Pontoise seront, vous le voyez, parfaitement bien à l'abri sous les vitrages de votre serre portative, que vous aurez soin de tenir très-exactement fermée jusqu'à ce que vos greffes, en continuant à croître, vous avertissent que leur mariage avec le sujet est consommé.

Greffe du Camellia.

Actuellement, madame, que vous savez comment on greffe des Orangers, vous pouvez, sans autres indications plus particulières, greffer les Camellias simples que vous avez multipliés de boutures; le procédé est exactement le même; vous vous abstiendrez de prendre pour greffes, ainsi que vous l'avez fait pour l'oranger, des rameaux portant des boutons à fleurs; les boutons ne fleuriraient pas, et les rameaux florifères feraient des difficultés pour se souder au sujet. Vous êtes aussi prévenue que la greffe du Camellia ne reprend avec certitude que dans la serre chauffée; sans le secours de la chaleur artificielle, la séve du Camellia, bien moins active que celle de l'oranger, ne suffirait pas pour assurer le succès de la greffe.

D'ailleurs, je vous ferai remarquer, madame, que la greffe vous offre des ressources infinies pour rajeunir au besoin de vieux Camellias passés de mode. Greffez sur leurs rameaux, quel que soit leur âge, de jeunes pousses de Camellia de l'espèce qui sera le plus à la mode pour le moment (car le Camellia est sujet aux caprices de la mode), ces greffes reprendront toujours. C'est que le Camellia est dans son pays natal un arbre très-rustique, d'un tempéramment robuste qu'il conserve en partie dans les serres d'Europe. Si jamais il vous arrive de faire un voyage d'agrément au Japon, cela peut arriver à tout le monde, vous verrez que, bien que le Camellia soit un arbre sacré qu'on plante autour des temples, et dont les fleurs sont employées en guirlandes dans les fêtes de la religion de ce pays, on le traite d'ailleurs avec peu de cérémonie. Vous en pourrez voir des bois entiers d'une grande étendue, où chaque Camellia est taillé sur une seule tige droite comme une perche à houblon. Savez-vous ce qu'on en fait lorsque ces Camellias ont l'âge auquel ils doivent être abattus ? On en fait, madame, de simples manches de balai, de bêche et d'autres outils : c'est leur principale destination.

Ne vous attendez pas, en allant au Japon, patrie du Camellia, à voir ce charmant arbuste tel que vous l'admirez en Europe ; les jardiniers Japonais ne se sont guère appliqués à le perfectionner. Vos Camellias bouturés et greffés de vos mains rendent des points aux plus beaux d'entre ceux qui figurent dans les jardins de l'empereur du Japon.

CHAPITRE VIII

L'AQUARIUM D'APPARTEMENT

Ce que c'est qu'un Aquarium.

Il est bien temps, madame, qu'après avoir éveillé votre curiosité je songe à la satisfaire en vous donnant une description exacte d'un Aquarium. C'est, dans les grands jardins, une serre de forme carrée ou ovale, à deux versants, dont l'intérieur renferme un bassin dans lequel sont cultivées des plantes aquatiques d'ornement. Vous vous récriez à ce mot, et vous m'arrêtez tout court en me faisant observer que la culture des plantes aquatiques ne peut être du ressort du jardinier des salons. — Si telle est

votre opinion, madame, permettez-moi de vous ré-
pondre que vous êtes dans une grande erreur ; c'est
ce que je me fais fort de vous démontrer ; mais
laissez-moi d'abord vous apprendre un peu plus en
détail ce que c'est qu'un Aquarium. Il ne tiendra
qu'à vous ensuite d'en visiter un des plus beaux et
des mieux garnis qui soient en Europe ; c'est celui
qui fait partie des serres du Jardin des Plantes de
Paris.

Il existe dans le monde savant une classe d'hom-
mes essentiellement aventureux, qui ont horreur du
coin du feu, de la sécurité, du repos ; ce sont des
botanistes voyageurs, toujours en route (quand il y
en a dans les pays qu'ils explorent), pour découvrir
des raretés ou des nouveautés végétales ; j'ai eu occasion d'appeler sur eux votre attention, en parlant
des plantes grasses naines de la famille des Cactées.
Parmi les nouveautés dont ces infatigables chercheurs
ont enrichi nos collections depuis quelques années,
il s'est trouvé un assez grand nombre de plantes
aquatiques des régions tropicales, entre autres le
grand Nénuphar du fleuve des Amazones, la *Victoria
Regia*, véritable reine des eaux tropicales.

Tant que le nombre des plantes aquatiques de
serre chaude n'a pas été trop considérable, on s'est
contenté de les loger tant bien que mal dans le réservoir où l'eau destinée aux arrosages doit sé-
journer jusqu'à ce qu'elle ait pris, avant d'être employée, la température de l'atmosphère de la serre;

Mais, quand est arrivée en Europe la **Victoria regia**, dont les grandes feuilles épanouies à la surface des eaux tranquilles, ne mesurent pas moins d'un mètre de diamètre, les botanistes ont compris la nécessité de la loger décemment, elle et les autres belles plantes aquatiques tropicales de grandes dimensions, dans des bassins d'eau tiède, recouverts d'une serre chaude, aujourd'hui très-nombreux en Europe, et désignés sous le nom d'Aquariums.

Vous comprenez, madame, que ce préambule n'a point du tout pour but d'en venir à vous conseiller de convertir votre salon en un bassin qu'à l'aide d'un thermo-siphon vous pourriez maintenir à la température des eaux du fleuve des Amazones, pour avoir la satisfaction d'y voir croître et fleurir la *Victoria regia*. Il s'agit de quelque chose de moins impraticable.

Aquarium d'appartement.

La maison que vous habitez est de celles qui possèdent de l'eau, et dont les locataires n'ont recours au porteur d'eau que dans de rares occasions. Vous avez un salon au rez-de-chaussée et une cave voutée existe sous ce salon. Toutes ces circonstances vous permettent d'avoir un Aquarium d'appartement, dont il me reste à vous faire connaître les avantages, au point de vue de l'horticulture de salon.

Au centre du vôtre, vous placerez une table supportée par quatre pieds en forme de colonnes, dont

deux seront creuses et renfermeront des tuyaux :
l'un pour l'arrivée de l'eau, l'autre pour son départ.
Au milieu de cette table, un élégant bassin en verre,
assez épais pour n'être pas trop fragile, sera sup-
porté par quatre colonnes creuses en cuivre poli,
semblables à celles qui soutiennent le fléau d'une
paire de balances. Le conduit renfermé dans l'un des
pieds de la table sera prolongé à travers une de ces
colonnes; un bec de cygne, au sommet de la colonne,
versera par un courant continu l'eau dans le bassin;
elle s'en échappera par une ouverture d'un diamètre
convenable, ménagée pour sa sortie dans une des
colonnes à l'autre bout du bassin.

Poissons qu'on y doit placer.

Avant de vous parler des plantes que peut nourrir l'eau de votre Aquarium d'appartement et de la
culture de ces plantes, je réponds à une objection
qui se présente ici tout naturellement. L'eau du
bassin, direz-vous, bien que renouvelée par un filet
continu, ne peut manquer de se corrompre et de
répandre dans mon logement une odeur de maré-
cage, odeur aussi malsaine que désagréable.

C'est encore là une erreur, et vous en convien-
drez si vous me permettez de vous donner quelques
mots d'explication au sujet de l'eau croupie. Quand
l'eau exhale une odeur de pourriture, ce n'est jamais elle qui se corrompt; ce sont les matières animales qu'elle tient en suspension; ce sont surtout

les milliers d'animalcules qui naissent, vivent, se
multiplient et meurent avec une prodigieuse rapi-
dité, et dont l'eau, en apparence la plus pure, contient toujours des peuplades sans nombre. Placez
dans l'Aquarium quelques poissons vivants; ils se
nourrissent de ces animalcules ainsi que des matières animales et végétales tenues en suspension
dans l'eau, et celle de l'Aquarium n'exhalera jamais
l'odeur d'eau croupie.

Si vous ne tenez pas à un poisson plus qu'à un
autre et que vous n'éprouviez aucune préférence
pour le poisson rouge de la Chine, habituellement
en possession de peupler les bassins, je vous conseille, madame, d'adopter le joli petit poisson nommé
par les naturalistes *Epinoche*, bien connu sous son
nom vulgaire de *Savetier* à cause de la pointe en
forme d'alène, dont son dos est armé. Les mœurs de
ce poisson que vous pouvez étudier à loisir à travers
les parois transparentes du bassin de votre aquarium,
sont très-intéressantes; seul, entre tous les poissons
connus, il fait avec des débris de plantes aquatiques
un nid où sa femelle dépose ses œufs; tous deux,
après l'éclosion, prennent en commun soin de leur
jeune famille.

Plantes pour garnir l'Aquarium.

Pardonnez, madame, à un vieux professeur d'histoire naturelle cette courte excursion dans le domaine
de l'ichtiologie; je me suis écarté du jardinage de

salon; j'y rentre au plus vite. Pour garnir les eaux du bassin de l'Aquarium, vous avez le choix dans une foule de plantes gracieuses des genres *Hydrocharis Pontéderia*, et une foule d'autres : un mot seulement sur les plus dignes d'attention. Vous connaissez assurément la *Sensitive* ou *Mimosa pudique*, dont les folioles se retirent et se contractent lorsqu'on y touche. Il en existe une espèce aquatique, que vous pourrez voir flotter sur l'aquarium de salon, car elle est fort petite, et dont les folioles, exactement semblables à la Sensitive terrestre, possèdent les mêmes propriétés rétractiles.

Manière de greffer le riz.

Si vous déposez au fond du bassin un pot rempli de bonne terre où vous aurez semé quelques grains de riz, non dépouillés de leur écorce, ils lèveront, et vous pourrez vous donner le plaisir de greffer sur roseau les plantes provenant de ce semis. A cet effet, vous taillerez en biseau l'un des nœuds d'un chaume de riz portant son épi à demi développé ; vous taillerez en sens inverse le nœud du Phalaris-roseau servant de sujet pour cette greffe, et vous assujettirez l'un dans l'autre par une ligature de fil de laine très-fin ; le tout sera, pour plus de sûreté, attaché à une baguette en guise de tuteur ; vous verrez ainsi le riz nourri par le Phalaris, mûrir le grain de ses épis aussi bien que les pieds de la même plante qui n'auront pas été greffés.

Une petite plante vulgaire que, si vous suivez mon

conseil, vous admettrez en société des végétaux les plus rares, c'est la renoncule aquatique, commune dans tous nos ruisseaux. Ce qui la recommande, c'est son mode particulier de végétation. Quand sa graine lève au fond du bassin, il en naît une tige portant au lieu de feuilles, d'élégants filaments d'un beau vert clair. Dès que cette tige est devenue assez longue pour arriver à la surface de l'eau, il semble qu'elle se change subitement en une plante entièrement nouvelle; plus de filaments; ils se métamorphosent en feuilles découpées, flottant sur l'eau tranquille, du milieu desquelles s'élèvent les tiges florales, portant de petites renoncules simples, blanches, avec une marque jaune à la base de chaque pétale. Toute vulgaire qu'elle est, la renoncule aquatique, avec sa physionomie européenne, tient très-bien sa place au milieu des plus belles plantes aquatiques étrangères.

Notez bien, je vous prie, madame, que je ne prétends en aucune façon qu'il n'y ait pas d'objection à opposer à l'Aquarium d'appartement. Il coûte fort cher et cause pour son premier établissement surtout, des dérangements qui ne permettent pas de l'admettre partout. Mais il fait incontestablement partie du jardinage de salon, chez tous les amateurs qui peuvent en faire les frais et qui se décident à en supporter les inconvénients, en faveur de l'agrément qu'il leur procure, par compensation. Cela seul m'imposait l'obligation de vous le faire connaître.

SECONDE PARTIE

LE JARDIN SUR LA FENÊTRE

CHAPITRE IX

LE JARDIN SUR LE BALCON

Exposition des balcons. — Le balcon au nord : Lierre d'Irlande, Hépatiques, Digitales, Mimulus, Hypericum, Némophiles, Violettes, Pervenches. — Le balcon à l'est : Cobæa, Haricots d'Espagne, Volubilis. — Vases à fleurs suspendus. — Disposition des fleurs sur le balcon à l'est : Lilas, Giroflées, Œillets, Pensées, Réséda. — Le balcon à l'ouest. — Bouturage des Pélargoniums et des Chrysanthèmes. — Direction des boutures de Pélargoniums, — des boutures de Chrysanthèmes. — Méthode chinoise. — Méthode d'Europe. — Le balcon au midi : Semis ; précautions contre le soleil.

Exposition des balcons.

Le titre de cet ouvrage m'imposait l'obligation de vous entretenir d'abord de tout ce qu'il est possible de faire en horticulture, sans sortir de votre appartement ; j'espère vous avoir démontré, madame, qu'il y a, rien que dans le jardinage de salon, de quoi sa-

tisfaire votre goût éclairé pour les belles plantes d'ornement, et occuper très-agréablement une partie de
vos loisirs. Cela n'empêche nullement que vous ne
puissiez donner en même temps vos soins au seul
jardin possible, pour le plus grand nombre des habi-
tants des grandes villes populeuses, au jardin sur la
fenêtre.

Avant tout, vous devez considérer quelle est l'exposition de vos croisées; car il ne s'agit plus de cultiver
des plantes vivant dans l'atmosphère artificielle d'une
chambre habitée ou d'une serre portative. Les plantes
du jardin sur la fenêtre sont destinées à vivre à l'air libre, si toutefois le fluide gazeux mis à leur disposition
mérite le nom d'air; la plupart du temps, elles n'y
vivent pas. Élevées dans de vrais jardins, par de vrais
jardiniers, achetées en pleine fleur pour briller quelques jours seulement, elles se dépêchent de mourir,
dans un milieu qui n'est réellement pas de l'air, et
où, par conséquent, on ne saurait exiger qu'elles vivent. Il peut donc arriver que vos fenêtres soient
exposées au nord, à l'est, à l'ouest ou au midi, ou bien
que leur exposition soit intermédiaire entre ces quatre points; c'est ce qui mérite d'être considéré séparément.

Le balcon au nord.

Le balcon exposé au plein nord, surtout s'il donne
sur une rue de largeur médiocre, et qu'il soit situé à
une hauteur trop faible pour échapper aux émana-

tions du *ruisseau de Paris*, est au point de vue de l'horticulture dans les plus mauvaises conditions. Est-ce à dire qu'il n'y faut pas faire de jardinage du tout ? Loin de là ! Seulement, le choix des plantes dont il vous est possible de l'orner est très-limité, parce que toutes ont plus ou moins besoin du contact direct des rayons solaires.

D'abord, vous entourerez la balustrade et les montants de la fenêtre d'une garniture de lierre, qui vous donnera une verdure perpétuelle. Il y a plusieurs variétés dont la meilleure est le *Lierre d'Irlande*, d'une croissance plus rapide et d'un vert moins sombre que le lierre commun. En ayant soin de couper les pousses qui prendraient trop de longueur, et d'enlever les feuilles qui passent du vert au jaune, le lierre d'Irlande encadrera votre fenêtre au nord d'une draperie végétale toujours verte sur laquelle se détacheront avantageusement les fleurs peu nombreuses dont la culture est possible à cette exposition. Les *Hépatiques* bleues et roses, le *Muguet*, la *Digitale violette* et blanche, les *Mimulus*, l'*Hypéricum à grandes fleurs* et les gracieuses *Némophiles*, toutes plantes croissant naturellement à l'ombre des grands bois, pouvant par conséquent se passer de soleil, seront avec la *Violette* et la *Pervenche* les principaux éléments de la décoration du jardin sur la fenêtre à l'exposition du nord.

Si vous ne regardez point à la dépense, et que vous ayez d'avance pris votre parti sur le peu de durée des

fleurs à cette exposition, mettez y l'une après l'autre toutes celles que chaque saison ramène; vous êtes prévenue qu'elles mourront après avoir fleuri, quelquefois avant; c'est un inconvénient de force majeure, qui ne peut pas être évité.

Le balcon à l'est.

Sur un balcon exposé à l'est, si la rue est passablement large, et qu'il soit à un étage assez élevé pour recevoir une ration d'air sinon très-pur, au moins supportable, le jardinage peut être pratiqué sur une grande échelle. L'encadrement de la fenêtre, au lieu d'être formé de lierre, peut consister en *Cobœa* grimpant, plante d'un feuillage élégant, dont les fleurs ont peu d'éclat; mais, vous pouvez leur associer des *Haricots d'Espagne* et des *Volubilis*. Ces deux dernières plantes, qui n'auraient pas fleuri du tout au nord, ne fleuriront pas à l'est comme elles fleuriraient à l'ouest ou au midi ; leurs fleurs jetteront néanmoins par leurs nuances vives une agréable variété de coloris sur la garniture de la fenêtre à l'exposition de l'est.

Vases à fleurs suspendus.

En donnant à cette garniture la forme gracieuse d'une arcade, au moyen d'un simple cerceau cloué aux deux montants de la fenêtre, il est indispensable d'y joindre l'ornement accessoire d'un vase de terre cuite suspendu, de forme élégante, renfermant un pot à

Fig. 8. — Vase suspendu,

fleurs ordinaire, où vous planterez des végétaux
d'ornement, les uns à tiges droites, tels que des
Pétunias ou des *Geraniums* à fleur rouge, les autres
à tiges pendantes, tels que la *Saxifrage de la Chine*,
dont les filets, semblables à ceux du fraisier, fleurissent à chaque nœud flottant librement dans l'espace
Des vases semblables ornent les fenêtres à toutes les
expositions autres que celle du nord ; on peut, pendant la mauvaise saison, les rentrer dans l'appartement et les accrocher au plafond en guise de lustres
On peut aisément s'en procurer qui font l'office de
lustres véritables, étant garnis tout autour de godets
destinés à recevoir des bougies, tandis que des plantes d'élite, des *Agavés*, par exemple, en occupent le
centre, et que des plantes retombantes s'échappent
par les intervalles des bougies.

Disposition des fleurs sur le balcon à l'est.

Sur le balcon à l'est, outre les plantes précédemment indiquées pour l'exposition du nord, une grande
variété de plantes vulgaires, qui n'en sont pas moins
agréables, peut se succéder toute l'année. Afin de ne
pas vous priver de l'usage du balcon, si vous aimez
à vous mettre parfois à votre fenêtre, vous aurez soin,
madame, de placer aux deux coins les arbustes tels
que *Rosiers* ou *Lilas de Perse ;* après ces arbustes,
les plantes un peu hautes, les *Giroflées* ou les *OEil-
lets*, par exemple, puis, tout au milieu. dans une
capsule de zinc peu profonde, comme celle qui garnit

une jardinière d'appartement, des plantes tout à fait basses, des *Pensées*, des *Auricules* ou du *Réséda*. De cette manière, étant à votre fenêtre, vous aurez des fleurs tout autour de vous; elles seront comme le complément de votre toilette, et vous ne serez pas privée de l'usage de votre balcon, quand il vous plaira d'y respirer ce qu'on peut avoir de mieux en ce genre à Paris pendant l'été, un peu d'air et beaucoup de poussière. Comme il ne faut vous brouiller ni avec vos voisins, ni avec monsieur le propriétaire, ni avec monsieur le commissaire de police, vous placerez sous les pots et les caisses ornant vos balcons à toutes les expositions, des assiettes ou des plats de terre vernissée, suffisamment creux pour recevoir le trop plein de l'eau des arrosages. Vous éviterez par là de dégrader la façade de la maison, et d'envoyer aux passants un genre de rafraîchissement qui pourrait ne pas être de leur goût. Pendant les sécheresses prolongées, le feuillage des plantes du jardin sur la fenêtre pourra fort bien passer du vert au gris, sous une épaisse couche de poussière. Dans ce cas, il vous faudra, madame, une fois au moins par semaine, faire porter une à une ces plantes sur la pierre à laver de votre cuisine, et là, à l'aide d'un arrosoir à gerbe percée de trous très-fins, leur donner l'une après l'autre un bon bassinage semblable à celui qu'elles recevraient d'une ondée de pluie suffisamment prolongée. Toutes les fleurs de la saison, depuis la Violette de mars jusqu'au Chrysanthème de décembre, se

Fig. 9. — Vase suspendu servant de lustre.

succéderont sur le balcon exposé à l'est; quelques-unes seulement, plus exigeantes que d'autres, les Héliotropes et les Lantanas en particulier, devront en être exclues; elles ne peuvent prospérer qu'à l'ouest et au sud.

Le balcon à l'ouest.

A l'exposition à l'ouest, vous avez pour ainsi dire carte blanche; toute plante d'ornement peut y passer la belle saison. Vous y pouvez placer pendant tout l'été les *Myrtes*, les *Orangers*, les *Lauriers-roses*, les *Grenadiers*, les *Camellias*, les *Kalmioas*, les *Azalées*, qui appartiennent en hiver au jardin dans l'appartement. Deux genres de plantes également agréables, les Pélargoniums et les Chrysanthèmes de l'Inde, y pourront être aisément multipliés de boutures faites comme je vous l'ai indiqué précédemment, mais non pas cette fois dans la serre portative. Vous pouvez bouturer tout simplement dans des pots remplis de bonne terre, en ayant soin de poser sur vos boutures, pendant les huit ou dix premiers jours, un verre à boire renversé, dont les bords seront légèrement enfoncés dans la terre. Après la reprise des boutures, ôtez les verres et arrosez une ou deux fois par semaine les jeunes plantes avec un bon verre d'eau de vaisselle, que vous ferez mettre à part à cet effet par la cuisinière; vous verrez avec quelle vigueur elles pousseront. Je prendrai cette occasion pour vous donner, sur la manière de dresser les Pélargoniums et les

Chrysanthèmes que vous aurez multipliés de bouture, quelques conseils, dont vous vous trouverez bien.

Direction des Pélargoniums de bouture.

Un Pélargonium de bouture livré à lui même, pousse au hasard, de droite et de gauche, donne beaucoup de feuillage, et fleurit mal; c'est ce que les jardiniers de profession nomment une plante qui manque de tenue. Quand vous la voyez bien enracinée, commençant à pousser vigoureusement, pincez le sommet. Les trois ou quatre pousses placées au-dessous se développeront en branches latérales à peu près d'égale force; vous supprimerez tout ce qui pourra se montrer de branches naissantes au-dessous de ces rameaux, dont vous formerez une tête régulière. Si l'un de ces rameaux s'emporte et qu'il tarde à dépasser les autres, n'hésitez pas à le pincer; il en résultera deux pousses dont au bout de huit ou dix jours vous supprimerez une, et l'équilibre de végétation du Pélargonium sera maintenu. Ces soins seront pour vous un plaisir véritable, car vous en verrez l'effet immédiat, et la floraison de vos Pélargoniums ainsi gouvernés sera aussi égale, aussi parfaite, que chaque espèce de ce beau genre peut le comporter.

Direction des Chrysanthèmes de bouture.

es Chrysanthèmes multipliés de bouture seront traités par le même procédé et d'après le même

principe. Si vous apparteniez, madame, à la bonne
société de Pékin au lieu de faire partie de celle de
Paris, voici comment vous traiteriez vos Chrysanthèmes. Après avoir planté chacune de vos boutures
isolément dans un vase profond et étroit, vous diri
geriez vos soins vers le développement de sa pousse
terminale. A mesure qu'une pousse latérale se mon-
trerait, elle serait impitoyablement supprimée. Le
Chrysanthème ainsi traité gagnerait beaucoup en
hauteur et finirait par former à son sommet une seule
touffe de fleurs dont vous ne laisseriez subsister
qu'une seule, qui prendrait un développement tout à
fait extraordinaire. C'est ainsi, madame, que les
femmes des mandarins cultivent les Chrysanthèmes,
leurs fleurs de prédilection. Il y a tous les ans, dans
les grandes villes du Céleste Empire, des expositions
spéciales où chacun envoie ses Chrysanthèmes, et où
des prix sont décernés aux plantes les plus élevées
partant non pas les plus belles, mais la plus belle
fleur, chaque plante n'en pouvant avoir qu'une
seule.

Chaque pays, chaque mode, dit le proverbe. Le
Chrysanthème cultivé à la chinoise paraîtrait avec
raison aux amateurs Européens complétement dé-
pourvu de grâce. Vous aurez donc soin, en le pinçant
comme vos Pélargoniums, de lui former une tête bien
fournie sur trois ou quatre rameaux d'égale force, à
la hauteur que vous jugerez la plus convenable, selon
la place disponible sur le balcon, et vous laisserez à

chaque rameau tout autant de fleurs qu'il en voudra donner.

Le balcon au midi.

C'est sur le balcon exposé au midi que vous pouvez, madame, faire l'horticulture la plus variée ; un balcon au midi, c'est une plate-bande de parterre, sur une échelle réduite. Là, dans des pots remplis d'un mélange par parties égales de terre franche et de terreau, vous pouvez multiplier de semis toutes les plantes annuelles d'ornement, les *Pensées*, les *Reines-Marguerites*, les *Balsamines*, les *Tagetis*, les *Pétunias*, les *Coréopsis*, et ne devoir qu'à vos semis cette partie de l'ornement de tous vos balcons et de votre jardinière ; car, sur le balcon exposé au midi, vous en pouvez faire croître de semis, non-seulement pour vous, mais encore pour vos amis et connaissances.

Précautions contre le soleil.

Mais le succès de cette partie de votre jardinage est subordonné à une précaution, faute de laquelle tout manquerait. Il ne faut pas que le soleil ardent de la canicule puisse jamais frapper directement sur la paroi extérieure des pots.

Dans leur situation naturelle, les racines des plantes plongées dans le sol ne reçoivent qu'une chaleur tempérée par la fraîcheur qui s'élève jusqu'à elles en remontant du sous-sol ; dans le pot, les extrémités de ces racines qui tapissent la paroi intérieure sont littéralement brûlées quand le soleil donne dessus. Il ne faut pas croire que les arrosements réitérés y puissent remédier; si vous les arrosez souvent, les racines des plantes en pots exposées au soleil, étant alors en contact avec de l'eau très-chaude, seront bouillies au lieu d'être rôties, ce qui revient exactement au même. Il est donc indispensable de garnir intérieurement la balustrade de votre balcon faisant face au sud, d'une planche, posée sur champ, arrivant au niveau du bord supérieur des pots les plus grands; à l'ombre de cette planche, les racines des plantes ne pourront jamais éprouver qu'une chaleur modérée, contre laquelle de fréquents arrosages seront alors un secours efficace.

CHAPITRE X

LE JARDIN SUR LE GRAND BALCON

Le balcon-terrasse ; — caisses pour le garnir. — Arbustes sarmenteux : Glycine, Jasmin de Virginie, Buddleya, Clianthus. — Plantes d'assortiment. — Renoncules de semis ; manière d'en assortir les nuances. — Emploi des plantes multipliées dans la serre d'appartement : Œillets, Jacinthes, Tulipes, Crocus, Pélargoniums, Chrysanthèmes, Fuchsias, Lautanas, Héliotropes, Réséda, son utilité. — Tenue d'hiver du balcon-terrasse. — Galanthus Perce-Neige. — Cognassier du Japon. — Ellébore rose d'hiver. — Houx panaché.

Heureux cent fois celui qui, dans l'intérieur de Paris ou d'une grande ville, possède une terrasse de plain pied avec son appartement, à une exposition tant soit peu méridionale ; c'est presque comme s'il possédait un jardin.

Le balcon-terrasse.

Au point de vue de l'horticulture, on peut considérer comme des terrasses ces larges et longs

balcons tels qu'il s'en trouve encore quelques-uns
dans les quartiers anciens bien aérés, tels qu'il y en
a à tous les étages des maisons modernes, dans les
rues nouvellement percées. Ces balcons, sur lesquels
plusieurs portes-fenêtres donnent accès, règnent
sinon sur toute la longueur de la façade d'une maison, au moins sur une étendue assez considérable
pour qu'on puisse y jardiner moins à l'étroit que
sur l'appui d'une simple croisée : Tout en réservant
des intervalles libres qui vous permettent d'approcher
de la balustrade, et de vous y accouder pour regarder au dehors, vous pouvez, madame, s'il vous arrive
d'occuper un logement rendu à la fois plus sain et
plus agréable par un balcon spacieux et bien exposé, le garnir de distance en distance de caisses en
bois, plus longues que larges, peintes en vert, remplies de bonne terre de jardin mêlée de terreau. Il
ne tiendra qu'à vous de considérer ces caisses comme
des plates-bandes de parterre, et d'y jardiner en
conséquence.

Glycine et Jasmin de Virginie.

Aux deux bouts du balcon, les deux caisses dont
la longueur doit être égale à la largeur du balcon,
ont une destination toute spéciale. C'est là qu'il faut
planter une *Glycine de la Chine* et une *Bignone*
ou *Jasmin de Virginie*, dont les tiges sarmenteuses
seront dirigées horizontalement en cordons parallèles
entre eux, tout le long de la balustrade. Au printemps

les belles grappes de fleurs améthystes de la Glycine pendent avec grâce au dehors en répandant une des odeurs les plus délicatement suaves de tout le règne végétal ; en automne, les riches grappes de fleurs rouges du Jasmin de Virginie renouvelleront au dehors la décoration, sans causer aucun encombrement sur le balcon lui-même. Pendant toute la belle saison, le feuillage abondant de ces deux plantes préservera très-avantageusement les caisses garnies de plantes d'ornement, du contact brûlant des rayons solaires ; vous n'aurez pas besoin de leur ménager d'autre abri.

Buddleya et Clianthus.

Pour vous procurer un peu d'ombrage, joignez-y d'un côté un fort pied de *Buddleya*, de l'autre un *Clianthus* à fleur rouge. Le Buddleya rattaché à un solide tuteur jusqu'à la hauteur d'un mètre cinquante centimètres, puis livré à lui-même à cette hauteur, retombera dans toutes les directions avec autant de grâce que les rameaux flexibles d'un saule pleureur. A chaque extrémité de ces rameaux grêles et souples, s'épanouira une longue grappe de fleurs d'un beau violet. S'il arrive qu'en prenant un peu trop d'expansion ces branches fleuries aillent rendre visite à vos plus proches voisins prenant l'air à la fenêtre, ils n'auront pas lieu de s'en plaindre.

Le Clianthus, auquel vous donnerez pour soutien quatre baguettes d'osier blanc réunies en faisceau,

Fig. 10. — Le jardin sur le balcon.

masquera bientôt ce soutien sous sa végétation abondante, ornée d'une profusion de fleurs du plus beau
rouge incarnat. Si ces deux arbustes étaient au milieu
du balcon, ils tiendraient trop de place et empêche-
raient de voir au dehors ; placés aux deux angles, ils
projettent un peu d'ombrage frais et parfumé, et
contribuent à rendre plus agréables les moments de
a journée qu'on se plaît à passer, un livre à la main,
sur le balcon au milieu des fleurs.

Plantes pour garnir le grand balcon.

Toutes les séries de plantes d'ornement de chaque
saison, dont je vous ai signalé les principales comme
pouvant figurer avec honneur dans le jardin sur la
fenêtre à diverses expositions, peuvent être utilisées
pour la décoration d'un balcon assez grand pour faire
l'office d'une terrasse.

Renoncules de semis.

Si, comme je vous l'ai conseillé, vous avez pris
plaisir à faire croître de semis de jeunes greffes de
renoncules dans les pots abrités par la serre froide
portative de votre salon, après avoir employé la quantité de ces griffes nécessaires à l'ornement de la jardinière, il doit vous en rester un bon nombre. Plantez-les au printemps, quand les derniers froids tardifs
ont cessé d'être à craindre, dans une de vos caisses
sur le grand balcon ; elles y donneront pendant un

mois une profusion de fleurs de nuances variées, les
unes foncées et vives, les autres claires et délicates
La première année, ces nuances dans votre massif
de renoncules, seront nécessairement associées au
hasard. Vous marquerez, en arrachant les griffes
après la floraison, la couleur des fleurs de chacune
d'entre elles, et vous l'inscrirez sur une liste dont les
numéros seront répétés sur le papier dans lequel
chaque griffe restera enveloppée jusqu'au printemps
de l'année suivante. Par ce moyen, à la plantation de
la seconde année, vous pourrez entremêler artiste-
ment les fleurs claires et les fleurs foncées; ces
dernières sont toujours les moins nombreuses.

Remarquez bien, madame, je vous prie, que, si
vous soignez la floraison de vos Renoncules en les
arrosant à propos, et si vous ne souffrez pas qu'elles
soient gaspillées en bouquets par d'indiscrètes visi-
teuses, les plus belles d'entre elles vous donneront
une bonne provision de graines fertiles. Les plantes
que vous ferez naître par le semis de ces graines ne
reproduiront pas exactement le coloris des fleurs sur
lesquelles les graines auront été récoltées; mais, en
ne semant que des graines provenant de fleurs de
premier choix, vous êtes assurée d'avoir un très-beau
mélange, où les nuances les plus agréables se trouveront dans de justes proportions.

Plantes multipliées dans la serre d'appartement.

Les caisses du grand balcon, je le suppose assez

spacieux, seront le débouché naturel de la multiplication obtenue dans votre serre portative; chacun de
vos Œillets de semis y trouvera sa place. Un groupe
de Tulipes variées, un autre de Jacinthes de nuances
bleues, roses et jaune clair, d'élégantes bordures de
Crocus, où le blanc, le violet et le jaune d'or alterne-
ront par vos soins, viendront émailler votre parterre
dès les premiers beaux jours. Ne craignez pas, pour
entretenir vos caisses garnies toute l'année de plantes
en fleurs, de multiplier de boutures les Pélargoniums,
les Chrysanthèmes, les Fuchsias, les Lantanas, les
Héliotropes; vous n'en aurez jamais trop, si vous tenez à ne pas laisser de vide dans vos caisses faisant
office de plates-bandes. De même des semis en place
et de ceux dont le plant a besoin d'être transplanté.
Vous serez étonnée vous-même de la quantité qu'un
espace restreint en apparence en peut absorber, si
vous voulez que chacune de vos caisses soit du printemps à l'automne un bouquet brillant, élégant et
parfumé. Sous ce dernier rapport, semez partout du
réséda; il croît à l'ombre, tient peu de place et s'a-
perçoit à peine; mais son parfum décèle sa présence,
et, pourvu que vous preniez soin de ne pas le laisser
s'épuiser en produisant une profusion de graines dont
votre jardin n'a que faire, il continuera à fleurir jusqu'après la Toussaint; il tiendra bon jusqu'aux pre-
mières gelées sérieuses. Les gelées blanches auront
emporté les Balsamines, les Reines-Marguerites, puis
les Tagètes et les Agérats du Mexique, enfin les Pé-

tunias; il ne restera que les Chrysanthèmes; c'est alors que vous aurez lieu de vous applaudir d'avoir semé beaucoup de Réséda. Tant qu'il continuera à fleurir, il vous fera trouver un charme de plus dans les visites que vous rendrez au jardin sur le grand balcon pendant les rares beaux jours de novembre.

Tenue d'hiver du balcon terrasse.

Voici décidément l'hiver. Le Réséda de vos caisses a disparu; les Chrysanthèmes sont rentrées; elles continuent à fleurir dans l'appartement. Donnez aux plates-bandes de votre parterre leur tenue d'hiver; elles ne seront pas sans grâce. Plantez-y de belles touffes de Galanthus aux corolles blanches bordées de vert; vous les connaissez mieux sous leur nom vulgaire de *Perce-Neige*, nom que justifie pleinement leur tempérament robuste. Le Galanthus Perce-Neige n'est pas frileux; il fleurit bravement entre deux gelées, et, quand un rayon de pâle soleil vient fondre une épaisse couche de neige, on est agréablement surpris de retrouver la Perce-Neige en pleine floraison.

Un ou deux petits buissons de Cognassier du Japon, quelques pieds d'Ellébore rose d'hiver, deux ou trois houx à feuilles panachées de vert et de blanc, entre lesquelles brillent des fruits semblables à des boules de corail, rendront le grand balcon agréable à visiter même pendant les plus mauvais jours de la plus mauvaise saison; vous y aurez cueilli les dernières fleurs de la fin de l'automne, vous y cueillerez celles

qui devancent les premiers beaux jours du printemps;
et tous ces plaisirs élégants et variés que vous aura
fait goûter la pratique du jardinage, vous en aurez
joui pleinement, madame, sans sortir de chez vous.

CHAPITRE XI

LE JARDIN SUR LA TERRASSE

La terrasse-jardin; — comment elle remplace le jardin. — Terrasse exposée au nord : son toit en trellage; — Lierre d'Irlande pour la couvrir; — Arbustes pour en garnir les caisses : Houx panachés, Alaternes, Rhododendrons, Grande-Pervenche.—Terrasses à bonne exposition. — Plantes sarmenteuses : Chèvrefeuille, Clématite, Rosier Boursault, Bougainville, Glycine de la Chine, Jasmin de Virginie, Buddleya, Clianthus, Delphinium, Hibiscus. — Taille d'été des Lilas de Perse. — Arrosages.

La terrasse-jardin.

Les terrasses s'en vont; l'emplacement qu'elles occupent a trop de valeur; les logements sont trop rares dans toutes les villes de quelque importance; le propriétaire a un intérêt trop évident à utiliser en le surchargeant de constructions l'espace consacré au petit nombre de terrasses qui subsistent encore.

Néanmoins il y a des propriétaires qui achètent des terrains dans des quartiers assez éloignés du centre pour ne pas être d'un prix exorbitant, et qui bâtissent, non pour des locataires, mais pour se loger

eux-mêmes tout à fait à leur gré. Ceux-là ne dispo-
sent pas toujours d'assez d'argent pour acquérir, outre le terrain où doit s'élever la maison, une place
pour un jardin. Ils peuvent, dans ce cas, sans accroissement de dépense, couvrir d'une plate-forme la cuisine et l'office, et remplacer ainsi, jusqu'à un certain
point, le jardin par une terrasse. C'est particulièrement pour les propriétaires dans cette situation que
sont écrits les conseils qui vont suivre.

Vous me permettrez donc, madame, de supposer
que, fuyant le fracas des quartiers remuants, inces-
samment agités par la fiévreuse activité de leurs ha-
bitants, vous vous êtes fait construire une de ces maisons comme on en voit beaucoup à Paris, à moitié
chemin entre le centre et la barrière, qui sont moitié
de ville, moitié de campagne, et qui mériteraient
tout à fait le nom de *villas*, si elles avaient des jardins.

La vôtre, à défaut de jardin, possède pour y sup-
pléer une terrasse assez spacieuse qui, comme les
fenêtres de votre logement dans Paris, peut se trouver exposée au nord, à l'est, à l'ouest ou au sud.
Vous savez déjà que, quant au jardinage, les deux
dernières expositions sont les plus favorables, surtout si votre terrasse peut avoir devant elle assez
d'espace découvert pour permettre à l'air et au soleil d'y arriver sans trop de difficultés.

Terrasse exposée au nord.

Prenons d'abord la plus mauvaise hypothèse ; votre terrasse est au plein nord ; de grandes constructions l'environnent ; le soleil a le droit d'en visiter la surface tous les 35 du mois. Vous avez cependant très-bien fait, madame, de faire construire une terrasse, même dans ces mauvaises conditions. Faites élever au centre une colonne en charpente qui soutiendra le toit en treillage, à quatre pans triangulaires. Le Lierre d'Irlande aura promptement recouvert ce treillage de son épaisse verdure. Une table ronde, dont la colonne traverse le centre, vous sera très-agréable pour poser votre ouvrage et vos livres, ou pour prendre le thé et le café pendant les fortes chaleurs de l'été, sous un abri de feuillage. Deux arcades ornées de vases suspendus ont été ménagées de trois côtés ; le quatrième est occupé par votre appartement, dont la terrasse est une dépendance.

Arbustes fleurissant à l'ombre.

Vous pouvez entourer intérieurement la balustrade qui borde votre terrasse-jardin d'une série de caisses semblables à celles que vous avez fait figurer sur le grand balcon, et dont nous avons cherché ensemble à tirer le meilleur parti possible. Sur la terrasse au nord, elles seront remplies de terre de bruyère ; vous y élèverez des arbustes à feuilles persistantes, des *Houx panachés*, des *Alaternes*, des *Rhododen-*

drons, choisis parmi ceux qui supportent l'ombre, et
dont le tempérament robuste craint peu le froid ; ils
seront, avec la *grande Pervenche*, la base de la décoration de la terrasse à cette exposition. Joignez-y
toutes les plantes d'ornement que je vous ai précédemment signalées comme pouvant passablement
fleurir tout en se passant de soleil. Quand les ardeurs
de la canicule rendront la fraîcheur précieuse, vos
amis seront heureux de venir prendre avec vous le
frais sous les lierres de votre terrasse au nord ainsi
décorée ; pendant trois mois, elle fera leurs délices
et les vôtres. C'est peu, direz-vous ? — D'accord ;
mais c'est beaucoup mieux que rien du tout, et il est
sage de savoir ne pas demander à chaque chose au
delà de ce qu'elle peut donner.

Terrasses à bonne exposition.

Ce que nous avons réalisé en fait de jardinage sur
les balcons à l'est, à l'ouest et au sud, vous n'avez
qu'à le répéter sur une plus large échelle, si votre
terrasse-jardin est à l'une de ces expositions. Ici
néanmoins viennent se placer quelques conseils rela-
tifs à plusieurs végétaux de moyennes et grandes dimensions que nous n'avons pas pu cultiver ailleurs,
faute d'espace.

Plantes sarmenteuses grimpantes.

Le toit en treillage qui couvre la terrasse bien exposée peut admettre le plus agréable mélange de

plantes grimpantes et sarmenteuses, à la place du Lierre d'Irlande, seul appelé à former sa couverture à l'exposition du nord. Ne craignez pas, madame, de varier et de multiplier ces plantes, elles s'arrangeront bien entre elles, prendront chacune leur part d'air et de soleil, fleuriront chacune en son temps, et suspendront au-dessus de votre tête le plus charmant fouillis végétal que vous puissiez vous figurer. Plantez, à cet effet, dans vos caisses aux angles de la terrasse des *Chèvrefeuilles*, des *Clématites*, des *Rosiers Boursault* et *Bougainville*, ce qui ne vous empêchera pas d'y joindre la *Glycine de la Chine* et le *Jasmin de Virginie*. Le long des piliers soutenant les arcades de treillage, les *Buddleya* et les *Clianthus* sont tout à fait à leur place ; de grandes *Roses trémières* et de beaux *Delphiniums* d'Ajax avec deux ou trois *Hibiscus* les accompagneront très-bien, et il restera encore bien assez de place libre, quand vous voudrez vous appuyer pour regarder au dehors, sur la balustrade de la terrasse comme sur celle d'un balcon.

Taille d'été des Lilas de Perse.

Des caisses de dimensions moyennes, indépendamment de celles qui servent de plates-bandes, peuvent recevoir sur la terrasse exposée à l'ouest ou au midi des *Orangers*, des *Myrtes*, des *Grenadiers*, des *Lauriers roses*, et même quelques beaux *Lilas de Perse*. Quand ces derniers auront donné leur élégante floraison printannière, n'oubliez pas de les soumettre à la taille d'été; c'est une heureuse innovation introduite seulement depuis peu d'années dans l'horticulture française et déjà généralement adoptée; voici en quoi elle consiste.

Dès que les fleurs d'un Lilas de Perse sont fanées, on ne se borne plus comme autrefois à retrancher les panicules dont les corolles sont tombées; on retranche le sommet de toutes les branches, et, de plus, tout ce qui est vert sur le lilas qui se trouve dépouillé et nu, comme à Noël. Mais bientôt la végétation vigoureuse du Lilas de Perse repart avec énergie; de jeunes pousses, toutes d'égale longueur, toutes également florifères pour l'année suivante, remplaceront les rameaux retranchés, et vous aurez ce qu'il est possible de posséder de mieux en ce genre. Une précaution très-nécessaire à l'égard des lilas et des autres arbustes cultivés dans des caisses séparées, c'est de retourner deux fois par semaine les caisses, afin que chaque côté reçoive tour à tour sa part d'air et de lumière. Autrement la pente naturelle des végétaux à étendre leurs rameaux du côté le mieux éclairé les ferait pousser tout d'un côté, ce qui déformerait complétement leur tête qui serait, au bout d'un seul été, tout à fait dépourvue de grâce. Quand les caisses sont assez souvent retournées, les rameaux annuels ne peuvent pas prendre de mauvais pli.

Arrosages.

La terre contenue dans les caisses formant plates-bandes autour d'une terrasse exposée au midi a besoin en été de deux ou trois arrosages par jour; ces arrosages doivent être très-abondants, parce que la réverbération de la chaleur par la plaque de zinc dont la terrasse est recouverte rend l'évaporation bien plus prompte qu'elle ne le serait dans les plates-bandes d'un parterre à une exposition semblable. Ces arrosages, les semis, les boutures, les transplantations, la suppression jour par jour des fleurs fanées, la récolte des graines utiles pour les semis de l'année suivante, vous procureront, madame, sur la terrasse-jardin un salutaire exercice; ces soins et ces travaux, dont vous ne prenez pour vous-même que la part qui peut vous convenir pour ne pas excéder vos forces, vous feront contracter un goût de plus en plus vif pour vos plantes et arbustes d'ornement; vous les aimerez de plus en plus, comme on aime tous les êtres vivants qu'on a contribué à faire vivre, comme les dames aiment d'instinct tout ce qui est, comme elles-mêmes, élégant et gracieux.

Ne vous figurez pas, madame, que ce soit là tout ce que le jardin sur la terrasse peut vous procurer de plaisirs liés à la pratique de l'horticulture; il y en a tout une autre série que vous apprécierez, si vous prenez la peine de lire le chapitre suivant.

CHAPITRE XII

LES FRUITS SUR LA TERRASSE

Fruits qu'on peut obtenir sur la terrasse. — Fraises des Alpes
Buisson de Gaillon. — Ecarlate de Virginie; — du Chili. —
Wilmott superbe. — Goliath. — Blanche de Bicton. — Reine de
la Grande-Bretagne. — Vigne. — Ebourgeonnement. — Eclair-
cissement des grappes. — Epamprement : Cerisiers, Pruniers,
Groseillers, Framboisiers. — Arbres fruitiers nains forcés. —
Taille des arbres fruitiers nains sur la terrasse. — Manière de
gouverner le Cerisier, le Prunier, le Framboisier, le Groseiller.
Forme qui convient au Groseiller en pot sur la terrasse,

Fruits qu'on peut obtenir sur la terrasse.

Qui est-ce qui n'est pas un peu gastronome? La
gastronomie est, avec la paresse, le moindre des
sept péchés capitaux : je ne dis rien des autres, de
crainte d'en mal parler. Un peu de gourmandise ap-
pliqué aux fruits est une chose si naturelle! Pour
moi, madame, j'avoue que je comprends notre mère
Ève; vous aussi, n'est-ce pas? Cela devait être bien
bon, le fruit défendu ! Ceux dont j'ai à vous entretenir n'ont pas ce genre de mérite ; ils sont tout ce
qu'il y a de plus permis.

Maintenant, vous allez me demander si je prétends planter des arbres fruitiers sur votre terrasse, comme il y en avait probablement dans les jardins suspendus de Sémiramis, lesquels, par parenthèse, n'étaient pas autre chose qu'une terrasse-jardin un peu plus grande que la vôtre, en admettant qu'ils aient existé? Je n'ai, madame, rien de semblable à vous proposer; je désire senlement appeler votre attention sur un petit nombre de très-bons fruits que vous pouvez facilement récolter sur la terrasse.

D'abord, les caisses plates-bandes, en raison de l'espace disponible, ont assez de largeur pour que, sans rien dérober au culte de Flore, vous y puissiez admettre celui de Pomone. Cette phrase n'est pas de moi, je vous prie de le croire ; elle est de feu Rousselon, lorsqu'il publiait les *Annales de Flore et Pomone*, genre Directoire. Sérieusement, quelques fraisiers ne gêneront pas vos plantes d'ornement; et il ne vous sera pas désagréable de cueillir, tout en jardinant, une ou deux belles fraises de temps à autre.

Fraisiers.

Si vous ouvrez le catalogue d'un horticulteur de profession, vous serez effrayée de la liste innombrable des fraisiers signalés comme parfaits par ceux qui les vendent, mais dont le plus grand nombre ne donne que des fruits fades ou acides et de nulle valeur. Je vous signale, moi qui n'en vends pas, parmi les plus racommandables, l'ancienne *Fraise des Alpes*, des quatre saisons, le *Buisson de Gaillon*, l'*Écarlate de Virginie*, la *Fraise du Chili*, et les espèces anglaises nommées *Wilmott-Superbe*, *Goliath*, *Blanche de Bicton* et *Reine de la Grande-Bretagne*. Cette dernière est remarquable par sa fécondité extraordinaire; c'est de la fraise que je parle.

En adoptant ce choix et plantant çà et là, parmi les fleurs, deux pieds de chacun des huit fraisiers nommés plus haut, vous aurez seize fraisiers, dont chacun pourra vous donner, en moyenne, six fraises. Ce sont quatre-vingt-seize fraises, une centaine en nombre rond, que vous goûterez une à une, à mesure qu'elles mûriront, et dont il vous sera très-agréable de guetter la maturité. Si, par impatience, vous les cueillez un jour trop tôt, vous y perdrez, je vous en avertis; elles ne sont réellement bonnes que quand elles sont parfaitement mûres. Vos fraisiers n'exigent pas d'autres soins que celui d'enlever les filets par lesquels ils se propagent, excepté le *Buisson de Gaillon*, qui n'en donne pas. Ils prendront leur part de l'eau des arrosages distribués aux autres plantes; vous aurez soin de les renouveler tous les deux ans, au moyen de jeune plant provenant de quelques coulants que vous réserverez à cet effet.

Vigne.

De tous les fruits, celui que vous pouvez récolter en plus grande quantité sur la terrasse, c'est le raisin.

Vous saurez, madame, que depuis quelques **années**
on cultive beaucoup la vigne dans des pots plus pro-
fonds que larges, dans le but de la *forcer*, c'est-à-
dire de lui faire porter fruit longtemps avant l'époque de la maturité du raisin à l'air libre, en la faisant
croître dans une serre tempérée ou chaude. Il vous
est donc facile de vous procurer à peu de frais quelques ceps tout formés, en plein rapport, dont vous
placerez les pots au pied des montants qui supportent les arcades de treillage de votre terrasse. Les
sarments de ces vignes y trouveront un appui convenable dans la situation la plus favorable à la maturité du raisin. On vous vendra les ceps tout taillés,
prêts à être palissés sur vos treillages; vous leur ferez décrire une courbe; plus tard, leurs grappes
dorées pendront à la portée de la main, depuis la
base des piliers jusqu'au point d'attache des vases
suspendus au centre des arcades : n'est-ce pas charmant?

Ébourgeonnement et éclaircissement.

Pour que vos raisins soient aussi bons qu'ils doivent être, deux choses sont indispensables : sup-
primer la partie supérieure du sarment quand les
grains du raisin sont formés et gros comme des
pois, c'est ce qu'on nomme ébourgeonner; éclaircir
les grappes trop serrées.

Voici en quoi consiste cette dernière opération.
Quand la vigne croît dans une bonne terre, à une

bonne exposition, qu'elle a été bien taillée et qu'on ne lui a pas laissé trop de raisin, chaque fleur donne son fruit. A mesure qu'ils grossissent, les grains de raisin se gênent réciproquement; ils se compriment, se déforment, ne reçoivent plus que du côté extérieur l'air et la lumière, et n'ont pas, au moment de la vendange, la moitié de la valeur gastronomique propre à leur espèce. Pour éviter ces graves inconvénients, savez-vous, madame, ce que font les femmes et les filles des jardiniers de Thomery, village où se produit le raisin sans rival, vendu à Paris sous le nom de raisin de Fontainebleau? Elles s'arment d'une paire de ciseaux pointus, et retranchent patiemment à chaque grapillon dont les grappes se composent un grain sur trois; c'est ce que je vous conseille de faire sur les grappes de vignes de votre terrasse. J'admets que vous y cultivez seulement quatre ceps en pots; chaque cep porte quatre *coursons;* c'est le nom que les jardiniers donnent aux branches fruitières de la vigne; chaque courson porte deux sarments, et chaque sarment, deux grappes. Si tout cela vient à bien, ainsi que vous avez lieu de l'espérer, ce sont soixante-quatre grappes de raisin à récolter en septembre et en octobre : c'est de quoi inviter toute votre société habituelle à venir chez vous *en vendanges.*

Épamprement.

Un mois environ avant les vendanges sur la terrasse, vous *épamprerez* avec discernement. Épamprer, c'est ôter celles d'entre les feuilles de vigne qui empêchent le soleil de dorer le raisin en frappant directement sur les grappes. Si tous ces soins ne vous amusent pas, si vous ne les prenez pas avec un vrai plaisir, permettez-moi de vous dire, madame, que vous ne méritez pas de savourer une bonne grappe de chasselas.

Cerisiers, Pruniers, Groseilliers, Framboisiers.

Des fraises et du raisin, est-ce là tout ce que vous pouvez obtenir de **fruits** sur votre terrasse ? Non, certes. De jolis arbres nains dont je vais vous indiquer la culture vous y donneront de plus des cerises et des prunes de mirabelle ; vous y pourrez joindre deux groseilliers, un blanc et un rouge, et trois ou quatre touffes de framboisier. Les cerisiers et pruniers nains, cultivés dans de grands pots ou dans des caisses, comme les grenadiers et les lilas de Perse, fleuriront parfaitement sur la terrasse ; on vous les vendra tout dressés ; *ils chargeront beaucoup*, comme disent les jardiniers, et ce sera pour vous une satisfaction très-vive que celle de cueillir leurs fruits mûrs un peu avant l'époque ordinaire ; car ils sont sur la terrasse dans les meilleures conditions pour mûrir leur fruit de très-bonne heure.

Arbres fruitiers nains forcés.

Désirez-vous manger des cerises et des prunes

mûres en avril et mai, époque à laquelle ces fruits,
s'il vous fallait les acheter, vous seraient vendus à
des prix extravagants? La chose est des plus faciles.
Quinze jours environ après la chute des feuilles, ren-
trez dans votre appartement quelques-uns des arbres
fruitiers nains cultivés dans des pots sur votre ter-
trasse; ils entreront aussitôt en végétation, fleuriront
en janvier et février, ce qui vous sera déjà fort
agréable, et mûriront leur fruit un ou deux mois
avant celui des mêmes arbres à l'air libre. Ils ne
demandent pour cela que d'être placés près des
croisées, retournés tous les jours, pour que chaque
côté reçoive sa part de lumière, et d'être soumis à
une température habituelle de 10 à 12 degrés : c'est
celle de votre chambre, celle qui convient le mieux
à vous-même, et, pour la leur procurer, vous n'avez
aucun frais à supporter, aucun dérangement à ap-
porter dans vos habitudes.

Vous voyez bien, madame, que, dans le jardin sur
la terrasse, il y a la part des fruits aussi bien que
celle des fleurs, bien que les fleurs y tiennent la
place principale. Quand vous recevrez vos amis à
dîner, ne vous sera-t-il pas agréable de leur offrir
des cerises, des groseilles, des framboises, alors
qu'il n'y en aura que quelques-unes chez les mar-
chands de comestibles? Vos convives ne seront-ils
pas charmés de cueillir eux-mêmes sur l'arbre in-
stallé au milieu de la table, au dessert, ces fruits ap-
pétissants dont la primeur double le prix?

Taille des arbres fruitiers sur la terrasse.

Ne vous embarrassez pas de la taille des cerisiers et pruniers nains; les jardiniers disent que ces arbres, dont le bois contient beaucoup de gomme, sont de ceux qui *n'aiment pas le fer*, et qui veulent être taillés le moins possible. Le moins possible, c'est pas du tout; n'y touchez pas; ils ne s'en porteront que mieux, et n'en seront que plus productifs.

Les Framboisiers, qui sont de simples sous-arbrisseaux, ont une manière à eux de végéter; ils ne sont vivaces que par leur racine. La tige annuelle, qui a porté fruit, meurt en automne et doit être retranchée au niveau de la terre des pots. La racine donne tous les ans un nombre surabondant de jeunes rejetons destinés à porter fruit l'année suivante; il ne faut en conserver que trois à chaque touffe, si vous voulez qu'ils vous donnent de bonnes framboises en abondance. Au printemps, retranchez environ le quart de la longueur de ces rejetons; les yeux du milieu de la tige se développeront mieux que si elle restait entière; ce sont toujours ces yeux qui donnent les meilleurs fruits.

Les Groseilliers demandent seulement à être débarrassés du vieux bois, c'est-à-dire des branches épuisées qui ne fleurissent plus et qui encombrent l'intérieur de leur tête formée sur une seule tige. En les dressant sous cette forme, les fruits naissent à

une bonne hauteur, assez loin de terre pour n'être
pas salis par le rejaillissement des particules ter-
reuses pendant les fortes pluies et les arrosages; c'est
donc celle qui convient le mieux pour ceux qui peuvent prendre place sur la terrasse convertie en jardin.
Avouez, madame, que, toute proportion gardée, la
culture des fruits sur votre terrasse a bien son mérite, tout comme celle des fleurs.

CHAPITRE XIII

LA FENÊTRE DOUBLE

Avantages d'une fenêtre double ; — leur usage dans le nord; la manière de la décorer. — Dressoirs de verre. — Plantes que la fenêtre double peut admettre : Grévillea, Kennedia, Lobélia bleu, Gesneria, Gloxinias, Achimènes, Brunfelsias, Torrenia asiatica, Ixora, Echmea, Bégonias. — Sparmannia ; — rétractilité de ses étamines.

Avantages d'une fenêtre double.

Après avoir fait de l'horticulture dans le salon, voulant continuer à en faire un peu moins à l'étroit. nous sommes sortis de l'appartement : nous allons y rentrer.

Si vous n'avez, madame, jamais voyagé dans le Nord, vous ne connaissez que par ouï-dire l'usage des fenêtres doubles. Dans tous les pays où chaque hiver ramène des froids longs et rigoureux, pour mieux s'en garantir, au lieu d'un simple châssis de fenêtre, on prend la sage précaution d'en placer deux, l'un extérieur, au niveau de la façade de la maison, l'autre intérieur, au niveau du mur de l'appartement. Grâce à cette disposition, le froid du dehors est exclu, une température douce est conservée dans la chambre, et il reste un espace vide disponible entre les deux châssis. C'est cet espace qui constitue, au point de vue de l'horticulture, la grande utilité des fenêtres doubles. Les Anglais aiment à y loger des bengalis ; les Hollandais y mettent des serins, qu'on s'entend parfaitement à élever en Hollande ; aussi est-ce le pays du monde où il y en a le plus ; vous, madame, rien ne vous empêche d'y mettre des fleurs.

Il est évident que, lorsqu'on tient ouvert le châssis intérieur, l'intervalle entre les deux châssis reçoit sa part de l'atmosphère de la chambre et se trouve nécessairement à la même température. C'est l'équivalent d'une petite serre tempérée ou chaude, selon que la personne qui occupe l'appartement est plus ou moins frileuse. Sous l'influence de cette température, toutes les cultures possibles en grand dans la serre tempérée ou chaude sont possibles en petit dans la fenêtre double.

Manière de la décorer.

Avant de la garnir de fleurs, il y faut suspendre un vase élégant en terre cuite où vous pourrez planter une Broméliacée, une *Guzmannia*, par exemple; dont le feuillage, semblable à celui de l'Ananas, porte au centre une fleur d'un rouge tellement vif, qu'on ne saurait la regarder longtemps sans se fatiguer la vue. La grandeur de ce vase sera proportionnée à la largeur de la fenêtre double, et aux dimensions des plantes que vous vous proposez d'y cultiver. Il vous faut aussi faire placer à droite et à gauche, en guise de dressoirs, au moyen de *tasseaux*, des plaques de verre de forme carrée, assez grands pour supporter un pot à fleur d'un décimètre de diamètre. Si ces dressoirs étaient de bois au lieu d'être de verre, ils intercepteraient trop de lumière, et votre appartement ne serait pas assez éclairé. Vous ferez bien, je pense, de suivre, dans l'arrangement des plantes qui doivent décorer la fenêtre double, un ordre analogue à celui que je vous ai conseillé pour le jardin sur la fenêtre.

Plantes qu'elle peut admettre.

Sur les dressoirs de verre, vous placerez celles qui forment des touffes et s'élèvent peu ; sur l'appui de la fenêtre, vous placerez d'abord des deux côtés les plantes qui, sans être précisément grimpantes et sarmenteuses, ont plus de hauteur que de largeur ; rien de plus gracieux dans ce genre que les sous-arbrisseaux du genre *Grevillea.* Sur le devant, vous ne mettrez que de petites plantes très-florifères, telles que des *Kennedias* ou des *Lobelias* bleues de Surinam, afin que rien ne vous fasse obstacle quand vous désirez regarder au dehors à travers les carreaux de a fenêtre extérieure.

Avec ces dispositions, vous avez dans la fenêtre double un excellent débouché pour les multiplications obtenues de semis ou de bouture dans la serre portative chauffée. Votre choix d'ailleurs n'est pas limité ; en vous signalant quelques-unes de celles qui me semblent les plus dignes de vos soins, ce que j'ai à vous dire de leur culture vous guidera suffisamment si vous désirez en admettre dans leur société d'autres du même tempérament.

Gésnériacées.

La fenêtre double peut loger fort à leur aise toutes les plantes de la famille des Gesnériacées, des genres *Gesneria*, *Gloxinia* et *Achimenes*. J'ai déjà eu l'occasion de vous faire remarquer avec quelle docilité parfaite une feuille ou un simple morceau de feuille d'une des plantes de ce dernier genre peut s'enraciner lorsqu'on veut la multiplier de bouture.

Les Gloxinias ne sont pas moins accommodantes; leur feuillage ressemble à un morceau du plus beau velours vert, et leurs fleurs en forme de gobelet portent à l'intérieur une large tache, toujours d'une nuance différente de celle de la fleur elle-même. Il faut aux Gesnériacées beaucoup d'eau et de chaleur; vous les arroserez plusieurs fois par jour, et, quand vous aurez lieu de craindre que, pendant la nuit, elles n'éprouvent un refroidissement dangereux, ce qui peut avoir lieu seulement quand il gèle à plusieurs degrés au dehors, prenez la précaution de leur faire passer la nuit sur l'appui de votre cheminée; leur floraison abondante et très-prolongée vous récompensera de ces soins. Vous traiterez de la même manière les *Brunselsias*, les *Torrenia Asiatica*, des *Yxoras*, des *OEchmeas* et des *Begonias* de petite

taille, qui feront de l'intérieur de votre fenêtre double un ravissant petit parterre emprunté à la flore
des tropiques.

Sparmannia.

N'oubliez pas d'y joindre un ou deux pieds de
Sparmannia du cap de Bonne-Espérance. Sur cette
jolie plante, pendant sa floraison, vous pourrez observer sous un autre aspect le même phénomène de
rétractilité qui rend si curieuse la *Sensitive*. Sur une
fleur de Sparmannia bien épanouie, touchez délicatement du bout du doigt le sommet des étamines;
elles s'écarteront dans tous les sens par un mouve-
ment brusque et instantané, et reprendront leur première position quelque temps après. Cette propriété
des étamines de la Sparmannia, moins connue que
celle de la contraction du feuillage de la Sensitive,
n'est assurément pas moins curieuse à observer.

Fraisiers forcés.

Si vous avez deux ou trois fenêtres doubles au lieu
d'une, mettez sur les dressoirs de l'une d'entre elles
quelques pots de Fraisiers; ils fleuriront en janvier
et donneront chacun cinq à six fraises mûres en février, quand la terre sera encore peut-être au dehors
durcie par la gelée ou couverte de neige, et qu'on
patinera sur la rivière : c'est alors qu'une seule fraise,
cueillie sur une plante forcée par vos soins dans une
de vos fenêtres doubles, aura le droit de vous sem-
bler délicieuse.

CONCLUSION

Ici se termine, madame, la série de notions que je me proposais de vous donner sur l'horticulture d'appartement. Le JARDINIER DES SALONS peut-il se flatter de vous avoir inspiré un peu d'intérêt pour ces plantes que déjà vous aimiez sans les connaître, que vous aimerez mieux à mesure que vous les connaîtrez davantage? Une chose surtout a dû vous frapper dans le cours de nos entretiens; c'est que, dans tou ce que j'ai pris la liberté de vous conseiller, il n'y a pas de procédé que vous ne puissiez pratiquer par vous-même, pas de culture où vous ne puissiez parfaitement réussir en vous conformant à mes indications. Réussir, quelle que soit la chose qu'on entreprend, c'est toujours du plaisir, c'est souvent du bonheur.

Expliquons-nous cependant. Je ne prétends point affirmer que vous réussirez constamment; vous ferez fausse route souvent; vous échouerez quelquefois :

c'est inévitable. Ce dont je vous réponds, c'est que, avec un peu de réflexion, vous verrez toujours en quoi vous avez manqué; vous pourrez donc recommencer et obtenir d'une seconde tentative ce que vous n'aurez pas obtenu à la première.

Pour moi, madame, je me fais un plaisir de vous voir orner de plantes vivantes votre cheminée, puis l'étagère, puis la jardinière, le balcon, la terrasse; je me figure votre satisfaction en voyant s'ouvrir la première fleur d'un Camellia que vous aurez greffé, en récoltant le premier fruit d'un Cerisier forcé par vous d'après mes conseils. Nul doute que les dames de votre société ne se plaisent à suivre votre exemple; l'inoffensive passion du jardinage se gagne. Permettez-moi, madame, d'espérer, en prenant congé de vous, qu'il rejaillira de tout cela un peu de souvenir bienveillant en faveur du JARDINIER DES SALONS.

FIN

TABLE DES CHAPITRES

DEUXIÈME PARTIE

LE JARDIN SUR LA FENÊTRE

FIN DE LA TABLE DES CHAPITRES

TABLE ALPHABÉTIQUE

F

G

H

LIBRAIRIE DU LOUVRE

2, rue de Marengo. Paris

JULES TARIDE

LIVRES, ESTAMPES ET ENCADREMENTS EN TOUS GENRES

—◦✧◦—

BIBLIOTHÈQUE DES SALONS

NOUVEAU GUIDE

POUR

SE MARIER

suivi d'un

MANUEL

DU PARRAIN ET DE LA MARRAINE

PAR L. C.,

ancien notaire

1 volume in-18, 1 fr.

—◦✧◦—

SOMMAIRE DES CHAPITRES

De l'importance du mariage.
Cérémonial du mariage en France.
Le mariage dans l'Inde, en Chine, au Japon.
Le mariage chez les juifs et les musulmans.
Le mariage chez les Romains.
Du mariage sous l'influence des idées chrétiennes.
Législation civile sur le mariage, depuis Justinien jusqu'à nos jours.

Droit :

Du mariage.
Des qualités et conditions requises pour pouvoir contracter mariage.
Des formalités relatives à la célébration du mariage.
Des oppositions au mariage.
Des demandes en nullité de mariage.
Des obligations qui naissent du mariage.
Des droits et des devoirs respectifs des époux; autorisation maritale,
De la dissolution du mariage.
Du contrat de mariage.
Des différents régimes.

LA
GYMNASTIQUE
AU SALON ET AU JARDIN

ou

L'HYGIÈNE

PAR DES EXERCICES RAISONNÉS, SANS AUCUN APPAREIL

Suivie de récréations gymnastiques
propres à développer rationnellement le système musculaire
et pouvant être exécutées partout

PAR

LOUIS DE VALLIÈRES

1 volume in-18 illustré de 40 gravures.. . . . . 1 fr.

LES JEUX

INNOCENTS

DE SOCIÉTÉ

PAR

POISLE DESGRANGES

Égayons-nous!... Jouons!... Car les jeux innocents
En faisant des vainqueurs ne font jamais d'absents

Pénitence
Le baiser à la religieuse.

1 vol. in–18 avec gravures . . . . . 1 fr.

MANUEL COMPLET

DE TOUS LES

JEUX DE CARTES

contenant

LES RÈGLES DES JEUX CONNUS ANCIENS ET NOUVEAUX

PAR

ADHÉMAR DE LONGUEVILLE

SUIVI

DE LA BANQUE ET DE TOUS LES JEUX QU'ELLE COMPREND

1 volume in-18. . . . . 1 fr.

ENVOI FRANCO CONTRE TIMBRES-POSTE.

L'ART DE DIRE

LA

BONNE AVENTURE

et de faire les

RÉUSSITES-PATIENCES

AVEC LES CARTES

D'APRÈS Mlle LENORMAND

OUVRAGE ILLUSTRÉ DE GRAVURES REPRÉSENTANT
LES RÉUSSITES

1 volume in-18 . . 1½fr.

ENVOI FRANCO CONTRE TIMBRES-POSTE.

L'ÉCOLE DE L'ESCRIME

PETIT MANUEL PRATIQUE A L'USAGE DE L'ARMÉE

Par J.-A. BLOT, ancien maître d'armes au régiment

SUIVI DU CODE DU DUEL

1 volume in-18 : 1 fr.

LE
VÉRITABLE INTERPRÈTE DES SONGES

PAR JOSEPH

1 vol. in-18. . . . . . 50 cent.

L'ART DE NAGER

EN MER ET EN RIVIÈRE

Par DUFLO, professeur de natation

SAUVETAGE — NATATEUR GOSSELIN — BAINS DE MER
ETC.

1 vol. in-18 : 50 cent.

GUIDE COMPLET DE LA DANSE
contenant
LE QUADRILLE, LA POLKA, LA POLKA-MAZURKA
LA REDOWA, LA SCOTTISCH, LA VALSE, LE QUADRILLE DES LANCIERS
TOUTES LES FIGURES DU COTILLON
LA MAZURKA POLONAISE AVEC MUSIQUE
PAR GAWLEKOWSKI
Professeur de danse
1 volume in-18. . . . . 1 fr.

MANUEL DU CAVALIER
ou
L'ÉQUITATION SANS MAITRE
Par P.-H. DESCLÉE
HIPPOLOGIE, HAUTE ÉQUITATION
1 volume in-18 avec figures. . . . 1 fr.

LE JARDINIER DES SALONS
ou
L'ART DE CULTIVER LES FLEURS
DANS LES APPARTEMENTS, SUR LES CROISÉES
ET SUR LES BALCONS
PAR ISABEAU
1 volume in-18 avec figures. . . . 1 fr.

NOUVEAU LANGAGE DES FLEURS
DES DAMES ET DES DEMOISELLES
PAR
Mme LA BARONNE DE FRESNE
ORNÉ DE 48 FIGURES COLORIÉES

BIBLIOTHÈQUE DES SALONS

DE L'USAGE ET DE LA POLITESSE DANS LE MONDE, par Mᵐᵉ la baronne DE FRESNE. 1 vol. in-18 . . . . 50 c.

LE CANOTAGE EN FRANCE, par les membres de la *Société des Régates parisiennes.* 1 beau vol. in-18. 1 fr.

HYGIÈNE DES FUMEURS, par LEMERCIER DE NEUVILLE et VICTOR COCHINAT. 1 vol. in-18 . . . . 50 c.

LE MÉRITE DES FEMMES, poëme, par GABRIEL LEGOUVÉ. Nouvelle édition, par J. ANDRIEU. 1 joli vol. . . . . 50 c.

L'ORACLE DES DAMES ET DES DEMOISELLES, par EZÉCHIAS. 2ᵉ édition. 1 vol. in-18. . . . . 50 c.

LA CHIROMANCIE, études sur la main, le crâne, la face, par JULES ANDRIEU. 1 vol. . . . . 1 fr.

GRAMMAIRE DE L'AMOUR, à l'usage des gens du monde, par A. VÉMAR. 1 vol. in-18. . . . . 50 c.

NOUVEAU DICTIONNAIRE DE L'AMOUR, à l'usage des gens du monde, par A. VÉMAR. 1 vol. in-18. . . 1 fr.

NOUVEAU CODE DE L'AMOUR, à l'usage des gens du monde, par A. VÉMAR. 1 vol. in-18. . . . . 50 c.

LE MÉDECIN DES MÉNAGES, par le Dʳ AL. VALTIER, de la Faculté de Paris. 1 vol. in-18. . . . . 1 fr.

LA STÉNOGRAPHIE APPRISE SANS MAITRE, par LEMARCHAND. 1 vol. in-8 . . . . 1 fr.

RIEN A METTRE, ou Crinoline et misère. Poëme de WILLIAM ALLEN BUTLER, traduit par ALBERT LE ROY. 1 vol. in-18 . . . . 25 c.

CARTE HISTORIQUE DES DEUX SIÈGES DE PARIS, comprenant tous les événements accomplis du 18 septembre 1870 au 1ᵉʳ juin 1871, classés par ordre chronologique. Une feuille grand-aigle imprimée en couleur, pliée et collée sur toile. . . . . 4 fr.
(Cette carte réunit le plan de Paris et ses environs.)

HENRI D'ORLÉANS, DUC D'AUMALE. ÉCRITS POLITIQUES, 1861-1868. 1 vol. in-12 de 300 pages.. . . . . 1 fr. 50

LETTRE A MYLORD *** sur Baron et la demoiselle Le Couvreur, par l'abbé D'ALLAINVAL. Lettre du Souffleur de la Comédie de Rouen au garçon de caffé, par DU MAS D'AIGUEBERDE. 1 vol. in-12 papier vergé, illustré de portraits, et numéroté.. . . . . . . 2 fr.

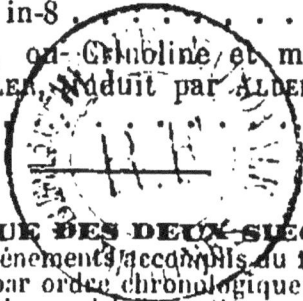

PARIS. — IMP. SIMON RAÇON ET COMP., RUE D'ERFURTH, 1

LIBRAIRIE DE JULES TARIDE

BIBLIOTHÈQUE DES SALONS

www.ingramcontent.com/pod-product-compliance
Lightning Source LLC
Chambersburg PA
CBHW050126210326
41519CB00015BA/4119